U0105340

WHAT IS ANTHROPOLOGY

人类学是什么

王铭铭 著

北京大学出版社
PEKING UNIVERSITY PRESS

图书在版编目(CIP)数据

人类学是什么/王铭铭著.—北京：北京大学出版社，2016.9
（人文社会科学是什么）
ISBN 978-7-301-27296-1

Ⅰ.①人… Ⅱ.①王… Ⅲ.①人类学—通俗读物 Ⅳ.①Q98-49

中国版本图书馆 CIP 数据核字(2016)第 170158 号

书　　　名	人类学是什么
	RENLEIXUE SHISHENME
著作责任者	王铭铭　著
责任编辑	魏冬峰
标准书号	ISBN 978-7-301-27296-1
出版发行	北京大学出版社
地　　　址	北京市海淀区成府路 205 号　100871
网　　　址	http://www.pup.cn
电子信箱	weidf02@sina.com
新浪微博	@北京大学出版社
电　　　话	邮购部 62752015　发行部 62750672　编辑部 62752926
印　刷　者	北京中科印刷有限公司
经　销　者	新华书店
	890 毫米×1240 毫米　A5　8.75 印张　172 千字
	2016 年 9 月第 1 版　2019 年 12 月第 2 次印刷
定　　　价	48.00 元

阅 读 说 明

亲爱的读者朋友：

非常感谢您能够阅读我们为您精心策划的"人文社会科学是什么"丛书。这套丛书是为大、中学生及所有人文社会科学爱好者编写的入门读物。

这套丛书对您的意义：

1. 如果您是中学生,通过阅读这套丛书,可以扩大您的知识面,这有助于提高您的写作能力,无论写人、写事,还是写景都可以从多角度、多方面展开,从而加深文章的思想性,避免空洞无物或内容浅薄的华丽辞藻的堆砌(尤其近年来高考中话题作文的出现对考生的分析问题能力及知识面的要求更高);另一方面,与自然科学知识可提供给人们生存本领相比,人文社会科学知识显得更为重要,它帮助您确立正确的人生观、价值观,教给您做人的道理。

2. 如果您是中学生,通过阅读这套丛书,可以使您对人文社会科学有大致的了解,在高考填报志愿时,可凭借自己的兴趣去选择。因为兴趣是最好的老师,有兴趣才能保证您在这个领域取得成功。

3. 如果您是大学生,通过阅读这套丛书,可以帮助您更好地进入自己的专业领域。因为毫无疑问这是一套深入浅出的教学参考书。

4. 如果您是大学生,通过阅读这套丛书,可以加深自己对人生、对社会的认识,对一些经济、社会、政治、宗教等现象做出合理的解释;可以提升自己的人格,开阔自己的视野,培养自己的人文素质。上了大学未必就能保证就业,就业未必就是成功。完善的人格,较高的人文素质是保证您就业以至成功的必要条件。

5. 如果您是人文社会科学爱好者,通过阅读这套丛书,可以让您轻松步入人文社会科学的殿堂,领略人文社会科学的无限风光。当有人问您什么书可以使阅读成为享受?我们相信,您会回答:"人文社会科学是什么"丛书。

您如何阅读这套丛书:

1. 翻开书您会看到每章有些语词是黑体字,那是您必须弄清楚的重要概念。对这些关键词或概念的把握是您完整领会一章内容的必要的前提。书中的黑体字所表示的概念一般都有定义。理解了这些定义的内涵和外延,您就理解了这个概念。

2. 书后还附有作者推荐的书目。如您想继续深入学习,可阅读书目中所列的图书。

我们相信,这套书会助您成为人格健康、心态开放、温文尔雅、博学多识的人。

序　一

让人文情怀和科学精神滋润心田

北京大学校长

林建华

一直以来，社会都比较关注知识的实用性，"知识就是力量""科学技术是第一生产力"，对于一个物质匮乏、知识贫乏的时代来说，这无疑是非常必要的。过去的几十年，中国经济和社会都发生了深刻变化，常常给人恍如隔世的感觉。互联网＋、跨界、融合、大数据，层出不穷、正以难以想象的速度颠覆传统……。中国正与世界一起，经历着更猛烈的变化过程，我们的社会已经进入到以创新驱动发展的阶段。

中国是唯一一个由古文明发展至今的大国，是人类发展史上的奇迹。在近代史中，我们的国家曾经历了百年的苦难和屈辱，中国人民从未放弃探索伟大民族复兴之路。北京大学作为中国最古老的学府，一百多年来，一直上下求索科学技术、人文学科和社会科学的发展道路。我们深知,进步决不是忽视既有文明的积累,更不可能用一种文明替代另一种文明,发展必须充分吸收人类积累的知识、承载人类多样化的文明。我们不仅应当学习和借鉴西方的科学和人文情怀,还要传承和弘扬中国辉煌的文明和智慧,这些正是中国大学的历史使命,更是每个龙的传人永远的精神基因。

通俗读物不同于专著,既要通俗易懂,还要概念清晰,更要喜闻乐见,让非专业人士能够读、愿意读。移动互联时代,人们的阅读习惯正在改变,越来越多的人喜欢碎片化地去寻找和猎取知识。我们真诚地希望,这套"人文社会科学是什么"丛书能帮助读者重拾系统阅读的乐趣,让理解人文学科和社会科学基本内容的欣喜丰盈滋润心田;我们更期待,这套书能成为一颗让人胸怀博大的文明种子,在读者的心田生根、发芽、开花、结果。无论他们从事什么职业,都能满怀人文情怀和科学精神,都能展现出中华文明和人类智慧。

历史早已证明,最伟大的创造从来都是科学与艺术的完美结合。我们只有把科学技术、人文修养、家国责任连在一起,才能真正懂人之为人、真正懂得中国、真正懂得世界,才能真正守正创新、引领未来。

2015 年 8 月

序 二

重视人文学科 高扬人文价值

原北京大学校长

人类已经进入了 21 世纪。

在新的世纪里,我们中华民族的现代化事业既面临着极大的机遇,也同样面临着极大的挑战。如何抓住机遇,迎接挑战,把中国的事情办好,是我们当前的首要任务。要顺利完成这一任务的关键就是如何设法使我们每一个人都获得全面的发展。这就是说,我们不但要学习先进的自然科学知识,而且也得学习、掌握人文科学知识。

江泽民主席说,创新是一个民族的灵魂。而创新人才的培养需要良好的人文氛围,正如有些学者提出的那样,因为人文和艺术的教育能够培养人的感悟能力和形象思维,这对创新人才的培养至关重要。从这个意义上说,人文科学的知识对于我们来说要显得更为重要。我们迄今所能掌握的知识都是人的知识。正因为有了人,所以才使知识的形成有了可能。那些看似与人或人文学科毫无关系的学科,其实都与人休戚相关。比如我们一谈到数学,往往首先想到的是点、线、面及其相互间的数量关系和表达这些关系的公理、定理等。这样的看法不能说是错误的,但却是不准确的。因为它恰恰忘记了数学知识是人类的知识,没有人类的富于创造性的理性活动,我们是不可能形成包括数学知识在内的知识系统的,所以爱因斯坦才说:"比如整数系,显然是人类头脑的一种发明,一种自己创造自己的工具,它使某些感觉经验的整理简单化了。"数学如此,逻辑学知识也这样。谈到逻辑,我们首先想到的是那些枯燥乏味的推导原理或公式。其实逻辑知识的唯一目的在于说明人类的推理能力的原理和作用,以及人类所具有的观念的性质。总之,一切知识都是人的产物,离开了人,知识的形成和发展都将得不到说明。

因此我们要真正地掌握、了解并且能够准确地运用科学知识,就必须首先要知道人或关于人的科学。人文科学就是关于人的科学,她告诉我们,人是什么,人具有什么样的本质。

现在越来越得到重视的管理科学在本质上也是"以人为本"的学科。被管理者是由人组成的群体,管理者也是由人组成的群体。管理者如果不具备人文科学的知识,就绝对不可能成为优秀的管理者。

但恰恰如此重要的人文科学的教育在过去没有得到重视。我们单方面地强调技术教育或职业教育,而在很大的程度上忽视了人文素质的教育。这样的教育使学生能够掌握某一门学科的知识,充其量能够脚踏实地完成某一项工作,但他们却不可能知道人究竟为何物,社会具有什么样的性质。他们既缺乏高远的理想,也没有宽阔的胸怀,既无智者的机智,也乏仁人的儒雅。当然人生的意义或价值也必然在他们的视域之外。这样的人就是我们常说的"问题青年"。

当然我们不是说科学技术教育或职业教育不重要。而是说,在学习和掌握具有实用性的自然科学知识的时候,我们更不应忘记对于人类来说重要得多的学科,即使我们掌握生活的智慧和艺术的科学。自然科学强调的是"是什么"的客观陈述,而人文学科则注重"应当是什么"的价值内涵。这些学科包括哲学、历史学、文学、美学、伦理学、逻辑学、宗教学、人类学、社会学、政治学、心理学、教育学、法律学、经济学等。只有这样的学科才能使我们真正地懂得什么是真正的自由、什么是生活的智慧。也只有这样的学科才能引导我们思考人生的目的、意义、价值,从而设立一种理想的人格、目标,并愿意为之奋斗终身。人文学科的教育目标是发展人性、完善人格,提供正确的价值观或意义理论,为社会确立正确的人文价值观的导向。

国外很多著名的理工科大学早已重视对学生进行人文科学的教育。他们的理念是,不学习人文学科就不懂得什么是真正意义的人,就不会成为一个有价值、有理想的人。国内不少大学也正在开始这么做,比如北京大学的理科的学生就必须选修一定量的文科课程,并在校内开展多种讲座,使文科的学生增加现代科学技术的知识,也使理科的学生有较好的人文底蕴。

我们中国历来就是人文大国,有着悠久的人文教育传统。古人云:"文明以止,人文也。观乎天文,以察时变,观乎人文,以化成天下。"这一传统绵延了几千年,从未中断。现在我们更应该重视人文学科的教育,高扬人文价值。北京大学出版社为了普及、推广人文科学知识,提升人文价值,塑造文明、开放、民主、科学、进步的民族精神,推出了"人文社会科学是什么"丛书,为大中学生提供了一套高质量的人文素质教育教材,是一件大好事。

2001 年 8 月

序　三

人文素质在哪里？

——推介"人文社会科学是什么"丛书

北京大学教授

乐黛云

　　人文素质是一种内在的东西，正如孟子所说："仁义礼智根于心，其生色也睟然，见于面，盎于背，施于四体，四体不言而喻。"（《尽心上》）人文素质是人对生活的看法，人内心的道德修养，以及由此而生的为人处世之道。它表现在人们的言谈举止之间，它于不知不觉之时流露于你的眼神、表情和姿态，甚至从背后看去也能充沛显现。

　　要培养和提高自己的人文素质，首先要知道在历史的长河中人类创造了哪些不可磨灭的最美好的东西；其次要以他人为参照，了解人们在这浩瀚的知识、艺术海洋中是如何吸取营养，丰富自己的；第三是要勤于思考，敏于选择，身体力行，将自己认为真正有价值的因素融入自己的生活。要做到这三点并不是一件容易的事，往往会茫无头绪,不知从何做起。这时,人们多么希望能看到一条可以沿着向前走的小径,一颗在前面闪烁引路的星星,或者是过去的跋涉者留下的若隐若现的脚印!

是的,在你面前的,就是这条小径,这颗星星,这些脚印!这就是:《哲学是什么》《美学是什么》《文学是什么》《历史学是什么》《心理学是什么》《逻辑学是什么》《人类学是什么》《伦理学是什么》《宗教学是什么》《社会学是什么》《教育学是什么》《法学是什么》《政治学是什么》《经济学是什么》,等等,每册 15 万字左右的"人文社会科学是什么"丛书。这套丛书向你展示了古今中外人类文明所创造的最有价值的精粹,它有条不紊地为你分析了各门学科的来龙去脉、研究方法、近况和远景;它记载了前人走过的弯路和陷阱,让你能更快地到达目的地;它像亲人,像朋友,亲切地、平和地与你娓娓而谈,让你于不知不觉中,提高了自己的人生境界!

要达到以上目的,丛书的作者不仅要有渊博的学问,还要有丰富的治学经验和远见卓识,更重要的是要有一种走出精英治学的小圈子,为年青的后来者贡献时间和精力的胸怀。当年,在邀请作者时,策划者实在是十分困难而又费尽心思!经过几番艰苦努力,丛书的作者终于确定下来,他们都是年富力强,至少有 20 年学术积累,一直活跃在教学科研第一线的,有主见、有创意、有成就的学术骨干。

《历史学是什么》的作者葛剑雄教授则是学识渊博、声名卓著、足迹遍及亚非欧美的复旦大学历史学家。其他作者的情形大概也都类此,他们繁忙的日程不言自明,然而,他们都抽出时间,为这套旨在提高年轻人人文素质的丛书进行了精心的写作。

《哲学是什么》的作者胡军教授,早在上世纪 90 年代初期就已获北京大学哲学博士学位,在中、西哲学方面都深有造诣。目前,他不仅要带博士研究生、要上课,而且还是统管北京大学哲学系全系科研与教学的系副主任。

《美学是什么》的作者周宪教授,属于改革开放后北京大学最早的一批美学硕士,后又在南京大学读了博士学位,现任南京大学中文系系主任。

从已成的书来看,作者对于书的写法都是力求创新,精心构思,各有特色的。例如胡军教授的书,特别致力于将哲学从狭小的精英圈子里解放出来,让人们懂得:哲学就是指导人们生活的艺术和智慧,是对于人生道路的系统的反思,是美好的、有意义的生活的向导,是我们正不断地行进于其上的生活道路,是爱智慧以及对智慧的不懈追求,是力求提升人生境界的境界之学。全书围绕"哲学为何物"这一问题,层层展开,对"哲学的问题""哲学的方法""哲学的价值"等难以通俗论述的问题做了清晰的分梳。

葛剑雄教授的书则更多地立足于对现实问题的批判和探讨,他一开始就区分了"历史研究"和"历史运用"两个层面,提出对"历史研究"来说,必须摆脱政治神话的干扰,抵抗意识形态的侵蚀,进行学科的科学化建设。同时,对"影射史学""古为今用""以史为鉴""春秋笔法",以及清宫戏泛滥、家谱研究盛行等问题做了深入的辨析,这些辨析都是发前人所未发,不仅传播了知识而且对史学理论也有独到的发展和厘清。

周宪教授的《美学是什么》更是呈现出极为新颖独到的构思。该书在每一部分正文之前都选录了几则古今中外美学家的有关警言,正文中标以形象鲜明生动的小标题,并穿插多处小资料和图表,"关键词"和"进一步阅读书目"则会将读者带入更深邃的美学空间。该书以"散点结构"的方式尽量平易近人地展开作者与读者之间的平等对话;中、西古典美学与现代美学之间的平等对话;作者与中、西古典美学和现代美学之间的平等对话,因而展开了一道又一道多元而开阔的美学风景。

这里不能对丛书的每一本都进行介绍和分析,但可以确信地说,读完这套丛书,你一定会清晰地感觉到你的人文素质被提高到了一个新的境界,这正是你曾苦苦求索的境界,恰如王国维所说:"众里寻他千百度,回头蓦见,那人正在灯火阑珊处。"于是,你会感到一种内在的人文素质的升华,感到孟子所说的那种"见于面,盎于背,施于四体"的现象,你的事业和生活也将随之进入一个崭新的前所未有的新阶段。

开 头 的 话

"志于道,据于德,依于仁,游于艺。"

学习一门学问,一如学习做人一样,需追求它的道理、规则、价值和技艺。怎样才能获得这些东西呢?我们一般要翻阅一些入门书,通过了解基础知识来接近学科。可是,了解和把握学科所需要的东西,比书本知识能告诉我们的多。人类学是一门特别注重体会和理解的学科。要说清楚它的真谛,挑战性更大。有几本人类学教材能超凡脱俗?能避免学匠式的铺陈?能提供真正的洞见?英国人类学家利奇(Edmund Leach)便曾在所著《社会人类学》中,批评了一些人类学教材,说它们以昆虫学家采集蝴蝶标本的方式来讲述"人"这个复杂的"故事"。① 利奇的意思是说,要让人理解人类学,不能简单地罗列概念和事例,而应想法子让学生和爱好者感知学科的内在力量。

给写教材的人这么大的压力,有点儿不公道。术业有专攻。我们对致力于专题研究的学者给予尊重,也应当鼓励那些将心血花费

① Edmund Leach. 1982. *Social Anthropology*. London and New York: Fontana.

在基础知识传播的人。无论写得全面不全面,深刻不深刻,独创不独创,教材总是普及知识的重要途径。然而,若将利奇的批评当作提醒,却也并非没有一点好处。你若翻阅几本人类学教材,就会知道"连篇累牍"这句老话的意思,就会感到利奇说的那席话正中要害。你若做过学科导引性工作,就能从中体会到其中的枯燥无味和难以克服的累赘。

要说哪本人类学入门书比较好,我私下有一个判断。逝者如斯,现代派的人类学已经经过了一百年的发展,弗思(Raymond Firth)七十多年前发表的《人文类型》那本小册子,今天读起来竟然还是比较新鲜。关心一点中国人类学史的读者能知道,这本书早在1944年已由弗思的学生费孝通先生翻译出来,并由当时在重庆的商务印书馆出版发行。弗思大费先生8岁,2002年2月逝世,这时他已经101岁,按我们中国人的观点,应是值得尊重的"百岁老人"。可在他的晚年,英国年青一代的学者不大理会他。可能是因为生在一个"尊老爱幼"的传统里,我对弗思尊敬有加。当然,弗思值得尊重不只是因为他老,更主要的是因为他的作品总是耐人寻味,他的《人文类型》便是这样的作品。《人文类型》以最为简洁的语言,论述了一门研究对象和研究方法如此多样的学科,为我们了解人类学提供了赏心悦目的绪论。

"什么是人类学?"人们可能以为,只要是学科的专业研究人员,都应当能够一语道破。一些人类学家也"一言以蔽之"地对自己的学科进行简明的定义。在很多教材中,作者言简意赅地告诉我们说:人类学这门学科,就是"人的科学"(the science of man)。这样的一个答案,不求甚解的人会放过,不小心的人则可能颇受它的诱惑,而深思的人则知道,它包含的信息量并不怎么大。所有的人文社会科学都是研究人类的,难道都应当被纳入人类学吗?人文学的诸多学科,如文学、史学、哲学,也都是研究人的文化创造、历史变化和世界观的。其中,最典范的是哲学,它包括了人与自然界之间关系及人与人之间关系的论述,很像"人的科学"。而社会科学中的社会学,也是研究人的社会的。由此类推,政治学研究人的政治性,经济学研究人的经济本性和活动,管理学研究人的管理,等等。这么看来,说"人类学是人的科学",等于什么都没有说。那么,人类学到底是什么?这门学科到底为我们理解人类自身提供了什么样的独特洞见?我们应怎样理解这门学科的研究价值?

从本意上,人类学确有一种"包打天下"的雄心,但恰好也是这门学科,又给了自己的研究一个严格的知识范畴限定。要说清楚这门不无内在矛盾的学科,就要知道这门"人的科学"曾以研究那些古老的"原始人"为己任,而要令人信服地解释"人的科学"与"原始人的研究"有何干系,难度其实不小。我之所以称赞《人文类型》,是因为这毕竟是一位现代人类学奠基人从学科内部对人类学进行的全面阐述,它论述的内容,充分体现了人类学这门学科的整体概况、内在困惑和内在意义。《人文类型》的正文分七章,每一个章节都有自己的主题,全书概要介绍了人类学家从七个方面对人类进行研究的心得。这七个方面分别是:(1)种族特征与心理差别;

（2）人和自然；（3）原始社会的劳动和财富；（4）社会结构的某些原则；（5）行为的规则；（6）合理和不合理的信仰；（7）人类学在现代生活中。弗思在书中引用的例子，不独来自西方人的社会，也不独来自非西方的部落与文明。他在书中开宗明义地说：

> 作为一位人类学者，我将注重那些生活方式和西方文明不同的人民的习惯和风俗。我注重他们并不只是因为他们的生活方式在猎奇者看来比较新奇，也不只是因为这种知识对于在不发达国家工作的人大有裨益，而是因为对他们的生活方式进行研究能帮助我们明白自己的习惯和风俗。①

无论一部入门之作能分多少章节，能包含多少内容，它所要讲述的人类学，就是弗思提出的"原始的他"与"现代的我"之间的相互理解。对人类生活方式进行的研究，时常要掉进决定论争端的旋涡。但是，分属不同阵营的人类学家们，都必须谈论弗思所涉及的那些方方面面。人类学家注重奇异风俗的研究，但他们追问的每一个问题，都牵涉到人类生活的一般状况。阅读弗思的《人文类型》能使我们了解人类学家的工作，理解人的"身"（体质特征）和"心"（文化特征）怎样在人类学的探索中得到检视，体会人类学与现代生活之间的关系。

弗思刚刚仙逝，但他和一代代人类学大师对人类学展开的广阔

---

① 弗思：《人文类型》，费孝通译，华夏出版社 2001 年版，第 3 页。

的解释和深入的挖掘，仍然是我辈可望而不可及的。于是，当我接到稿约，要我来写这本《人类学是什么》时，我犹豫良久，知道自己所能做的，最多只不过是赘言前人的成就。而当我打开电脑，开始文字工作的时候，又感到这一工作的难度。前人的论点，我不能赘述，前人的广度和深度，我难以达到。写这么一本新的小册子，也许只是平添了一种白纸黑字的商品，它有何学术意义？有何社会价值？即使不能达到前人的广度和深度，一本新作总要追求它的不同吧?！入门书不能专讲自己的意见，写一本入门书，要对受到学界公认的"一般学科知识"进行概要的介绍，要通过解答一个普通的问题，来论说自己对一门学科的道理、规则、价值和技艺的看法。怎样写一般知识的介绍才具有不同于一般的面貌？

除了这种种难题以外，我还面对一种更大的困境。这些年来的游学让我知道，人类学在世界各国有不同的叫法，现在欧、美、澳等地区，都普遍接受"人类学"这个概念，但人类学曾与民族学和社会学有过不解之缘，曾被称为"民族学"和"比较社会学"，而欧洲的"社会人类学"与美洲的"文化人类学"之间的差异，也同样令人困惑。在我们国内，不同名称并存，同时，社会学、民俗学和文化学这些学科，在学术风格、研究对象和精神实质方面，与人类学有着诸多相通、互补和重叠之处。诸如此类的学科名称和学科关系复杂性，反映了人类学在不同地区和国家中的特殊历史际遇。一本入门的小册子，不能纠缠这些复杂问题，因为那样可能会让初学者备受复杂问题的煎熬。然而，若不能直接或间接地让人理解问题，不能让人感悟学科的特殊历史遭际,入门工作的意义实在也值得怀疑。

人类学前辈吴文藻先生曾说,用中国话谈论西学,必然已经对学科实行了"中国化"①。八九十年前,吴先生那一代人类学家面对的问题相对简单。他们以为,语言的翻译,本身已经是本土化的过程了。现在,这个问题还被学者们与语言以外的问题联系起来。在社会科学规范与国际接轨的呼声中,人们还听到另外一种声音夹杂其中:社会科学(包括人类学)要祛除西方中心主义,要找到本民族的"根"。于是,近年海内外的中国研究中,形成了一种"中国中心论"的观点,主张以中国为中心来看待历史、社会、文化以至政治。这种观点具备了"后殖民主义"的善心和力度,它针对的是欧洲理论模式在亚细亚社会研究中的长期支配。可是,"中国中心论"到底包含什么样的分析、解释和判断的新洞见?"中国化"的学科是否真的能够避免话语的支配?写入门书,不是做创新工作。但在这样一个焦急地等待着一切答案的时代里,写这样一本书,也要面对以下难题:

- 在过去四个世纪以来逐步被误认成具有普遍解释力的西方概念,如何与它们发生的宗教—宇宙观环境联系起来?

- 所谓"具有普遍解释力的概念",何以在历史上成为"普遍的原则",从而影响我们的跨文化交往方式?

- 倘若要发展某些真正具备"普遍解释力的概念",我们是否

---

① 吴文藻:《人类学社会学文集》,民族出版社1990年版。

一定要像"后殖民主义者"主张的那样,不断重复论证西方帝国主义相对于非西方社会的知识/话语关系？

● 诸多中东、印度、东亚的社会科学家,在认识到西方的知识/权力问题之后,提出要对社会科学实行本土化。可是,"本土化"意味着什么？

种种问题的提出,给中国人类学家带来了挑战西学的新机遇。然而,这不等于说,中国人类学家已经提出了一种替代西方人类学的模式。与西学一样,我们的学科,向来也存在一个眼光局限问题。在过去的一个多世纪里,我们对于"具有解释力的概念"的追求,往往与民族的自我振兴运动联系在一起,我们忘却了老祖宗历史上曾经有过种种"天下观念",忘却了老祖宗也常认为自己的思想是世界性的哲学。前辈曾以为,将古老的、封建的"天下观念"让渡给现代的"民族意识",就能自动地缔造出一种自主的人类学。结果,我们悲观地看到,局限于本文化的"理论",很难成为"理论",即使成为理论,也很难得到接受。欧洲社会理论,只能解释欧洲那个个别的文明。而中国的本土理论,能否解释一切,一样需要得到质疑。

在整个 20 世纪,为了跨越现代文明的局限,欧美人类学家走遍天涯,去寻找其他社会的生活方式,来克服社会理论的自我限制。人类学家将这种研究和思考的方式,叫做"他者的目光"。"他者的目光"有它自己必须解决的问题,但这是不是就等于说,我们因此不需要这种眼光？中国人类学曾用"本己的眼光",用"本我族类的眼光",来论说人类学,将这门学科本土化为一门以"我"为中心的人类学。越接近人类学一般知识的原貌，越使人怀疑这种民族中心主义文化观对于中国的意义。人类学家要做的恰好是从"非我族类"中提炼出理论的洞察力。这样一种普通的、一般的、平常的"人类学常识"，包含着特殊的、不一般的、不平常的意义。这种不平常的意义，显然能提醒我们关注被我们忘却了的过去，提醒我们重新拣起老祖宗的"天下观念"。于是，这本《人类学是什么》意在说明这一"人类学天下观"的来历、表达方法与意义。

说"他者的目光"重要，不等于要说文化相对主义是人类学的一切。我愿意把自己说成是一个文化价值观的相对主义者，同时是一个社会认识论的普遍主义者。这两种观点，这两种心态，似乎存在着立场的对立。然而，我能理解它们的统一：一个人类学家若不能相对地看待他人的文化，就很难理解这个文化；他若不能理解实践这个文化的人也是人，就很难理解人之所以为人的道理。《人类学是什么》这本书，要尽量表达相对性与普遍性的结合，要从一般的人类学出发，进入"他者的目光"，再从"他者的目光"进入生活方式的"常识"，从这些"常识"进入社会构成的原理，再转入学科在知识互惠中的意义，最后论述人类学的基本认识与价值。这样做不是我的发明。那些为这种特定的人类学做出贡献的一代代中外人类学家，使具有我欣赏的那种学术风格的存在成为可能。我这里说的"我"，因而就是"他们"——我在正文里将要不断提到的那些名字。

目 录
CONTENTS

▌–▌ 人看人

人 看 人

要求人类学家从自身的文化中解放出来，这并不容易做到，因为我们容易把自幼习得的行为当做全人类都自然的、在各处都应有的。

——弗兰兹·波亚士

　　弗兰兹·波亚士(Franz Boas,或译"博厄斯",1858—1942),德裔美籍人类学家,美国现代文化人类学奠基人之一。波亚士致力于进化论历史观和种族主义的批评,提倡实地文化研究,崇尚文化相对主义,所著《种族、语言与文化》,阐述了文化人类学的基本思路,《人类学与现代生活》,论述了人类学的品格及在现代生活中的意义。

　　传说里常提到盘古开天的神话。故事说，最早的年代，天和地是不分的，像一个大鸡蛋，盘古在大鸡蛋里孕育着，呼呼地睡觉。有一天，他突然醒了，睁开眼睛什么都看不见，心里一生气，抓起一把大板斧朝着黑暗的混沌一划，大鸡蛋裂开了，轻而清的东西冉冉向上，成为天，重而浊的东西沉沉下降，成为地。天地分开以后，盘古生怕它们合拢，于是顶天立地，天每天增高，地每天加厚，盘古每天增长……孤独的盘古后来需要休息，终于要死去，临死的时候，周身突然大变，他的气成为风云，声音成为雷霆，左眼成为太阳，右眼成为月亮，手足与身躯成为大地与名山，血液成为江河，筋脉成为山脉和道路，肌肉变成田土……盘古创造了我们的世界。

　　许多古老神话传说，叙述着人与自然界之间关系的初始状态，而盘古开天的神话传说，只不过是其中的一个。神话传说意味浓厚，故事总是将世界的"生育"与人的繁衍连在一起，令人觉得世界的黎明是混沌，那时人与天地、星辰、野兽、草木之间的界线模糊，人在成为人的过程中，人在离开我们赖以生存的天地、生物同伴和自然界，人在获得自身文化的历史中，感受着百感交集之情。神话传说成为探究不同民族的世界观的依据，它是人的自我认识的最早表述，它带着丰富的想象表述着人对自身的起源和本质的看法。从一定意义上说，自从人的神话传说时代伊始，人类学的知识追求就出现了。神话传说既是人类学研究的对象，又是人类学的原始前身。然而，作为一门学科，人类学终究不同于神话传说，它是近代产生的现代学术研究门类。

人类学是一门西学，这个名称来自希腊文的 anthropos（人）和 logia（科学），不用多解释，是后来结合了古代文字来代指研究人的学问。像神话传说一样，人类学对人最初始的生活世界有着浓厚的兴趣，但它却不像神话传说那么神奇。建立于近代科学观念基础上的人类学，期待在人类的自然特性和人类的文化创造这两个方面客观地——也就是容不得主观想象地——认识人，避免神创论的影响，实证地探讨人类的由来与现状。于是，广义地说，人类学这门学科划分成几大块，包括**体质人类学**（physical anthropology）、**考古人类学**（archaeological anthropology）、**语言人类学**（linguistic anthropology）及**社会文化人类学**（social and cultural anthropology）。广义的人类学，在欧洲曾盛极一时，但现在已被看成过去，现在的欧洲人类学中，体质人类学、考古学和语言学各自获得了自己的一席之地，从人类学中分化出去了。除了个别的例外，欧洲人讲的人类学，指的是社会文化人类学，这在德语、俄语及斯堪的纳维亚国家里，又曾被等同于"民族学"（ethnology），即对不同民族进行的社会类型的比较研究。广义人类学，还活跃地存在于美国今天的大学中。美国人类学的研究，也分化得很严重，但美国人类学的传授，长期运用比较广义的定义，包含人类学的四大分支。其中，"体质人类学"，现在又称"生物人类学"（biological anthropology），是研究人类的生物属性的分支领域；考古人类学、语言人类学、社会文化人类学，被包含在"文化人类学"（cultural anthropology）之中，指对人类的文化创造力展开的研究。

1　人怎样成为人

曾兴盛一时的体质或生物人类学，既强调人与动物界之间的连续性，把人看成是动物的一部分来研究，又主张在人与物之间延续性的分析中，展示那些将人与动物区别开来的特征。这方面的研究，一度被人们称为"人体测量学""人种学""民种学"和"种族学"的研究。从16世纪到20世纪前期，欧洲存在对不同种族的体质差异的兴趣，那时人们关心一些今天听起来古怪的问题：为什么黄种人的鼻子那么扁？德国人的头发那么金黄？黑人的额头为什么那么低矮？为什么有的种族多毛、有的种族少毛？这些种族之间的差别有多大？差异到底意味着什么？四五百年前，开始有人用仪器来测量种族差异。到19世纪，在生物学家达尔文等人的影响下，原来从事人类种族的体质测量学研究的学者,开始对人类身体的进化产生浓厚的兴趣。有关种族差异的研究,一时也转向了从动物到人的进化的研究,尤其是从猿到人的进化及人在环境适应过程中形成的体质差异。

　　传统的体质人类学比较容易理解。你参观一家人类学博物馆时,会看到它有人类进化的主题展览,展示了系列性的泥塑群和古人类的遗骸(主要是牙齿和头骨),用雕塑和考古文物讲述着一种人的进化史。你形成一种印象:这些遗留的骸骨,向我们展示了人怎样逐步站了起来,变成"直立人",而不是四脚着地的动物,变得比动物具有更为广阔的视野;人怎样在必然和偶然之中,发现火的用途和重要性,变成吃熟食,而不再像野兽那样生吞活剥,等等。人的直立行走,为人类带来了什么样的可能性,这是体质人类学的经典课题。体质人类学家认为,直立行走使人扩大视野,提高了与其他动物的竞争力。不仅如此,直立人与动物相比,可以更真实地看到他们的同伴,更容易形成相互的认识、相互的欣赏与群体的纽带。人类学家也相信,人吃了熟的东西,脑的结构会变得比动物复杂,为自身的文化创造提供了生物学的基础。这些表现人的创造和身体演变之间关系的展览,大体上讲还是体质人类学家关心的核心问题。

　　体质人类学的研究,尤其是古脊椎动物、古人类的研究,为我们提供了一幅人类身体进化的历史图景:约在五百万年前,东非大草原是人的最早祖先的生活场所,那里的南方古猿由公猿、母猿和子女组成小群体，他们狩猎动物，用最原始的石头、骨头和棍子来与其他动物争夺生存的空间。这些初步直立的类人猿，手变得越来越灵巧，智力得到逐步的增进。大约在一百六十万年前，南方古猿消失了，取而代之的是成熟的直立人，他们广泛分布在东半球，如中国和爪哇。他们的脑容量增大了，使用的工具也得到进步，制造的工具和武器逐步精致化。十五万年前，人类得到进一步的发展，以尼安德特人为代表，他们有了系统的语言和原始的艺术，初步形成了社会的道德风尚，但仍然不能生产食品。到一万五千年前，人类社会产生了"农业革命"，食品生产社会出现，人开始不完全依靠自然界的果实、野兽、鱼类来生活，这从根本上改变了人的生存状况。

研究人类的身体变化，主要的证据来自牙齿和骨骼的化石，而前者的地位很高，因为它表现出了进化的矛盾色彩。人类学家说，古人类的牙齿越锋利，他生活的年代就越久远。越古老的人类，越需要依靠锋利的牙齿来与其他动物搏斗，来咀嚼粗糙的食物。随着人类智力的发展，他们可以用人造的工具和武器来代替自然赐予的身体器官，于是牙齿越来越不需要被动用，变得越来越脆弱。牙齿的弱化过程，也是脑容量增大、脑结构复杂化的过程。随着时间的推移，人与自然界之间"斗争"的能力越来越依靠智慧。人类学家将这种后生的智慧定义为"文化"。于是，体质人类学研究的成就，不单在论说人与自然之间的关系，而时常也与"文化"这个概念相联系。人类学家认为，越原始的人类，人口的密集度越低，人与人之间相互形成默契的需要也越少，人可以发挥他的本能来争取生存。

可是,随着人的进化,人的生存变得越来越容易,人口多了,就不仅要处理人与自然之间的关系,还要处理人与人之间的关系。于是,心理分析学大师弗洛伊德说的"本我"(ego),逐步要受到作为处世之道的"超我"(super-ego)的压抑,这样社会风尚才能形成,人与人之间的"仁"——社会关系的文化表达——才能发展起来。

2 文化中的人

体质人类学像纯自然科学的研究,采用生物学的方法来研究人,但它却又曾是一种社会思潮。这种思潮曾影响了整个世界,它的"物竞天择"之说,曾为种族与种族、国与国、民族与民族、群体与群体,甚至宗教与宗教之间的竞争提供依据。意识到进化论的社会思想背景以后,一些人类学家逐步主动地舍弃种族差异的研究,主张将体质人类学变成关注人与自然界之间的连续性的研究。后来,随着社会生物学(social biology)的产生,体质人类学逐步转向人性的遗传学研究。由社会生物学促发的新体质人类学研究,注重探讨人的自我意识的长期传承,从生物遗传学来探讨人自我生存欲望的历史延续性。过去三四十年来,分子人类学家更利用人类基因组和遗传信息来分析人类起源、迁徙的历史,提出若干有新意却亦有争议的"猜想"。

然而,古人说:"玉不琢,不成器;人不学,不知义。"人类的成长历程，基本上是文化的历程，是雕琢和学习的历程。用"文化"这个概念，来相对于"体质"，原来只是为了区分研究领域。体质人类学主要研究人的生物面、自然面，而文化人类学则指的是对人类所有的创造物——产品、知识、信仰、艺术、道德、法律、风俗、社会关系——的研究。不过，人体的进化，经常又与文化的进步互为因果。因而，也有人认为，这两个领域之间的关系是十分密切的。基于这一事实，一些学者认为，"人的科学"不单是科学本身，还表达着我们对人及其文化的看法，因而人的研究务必特别关注通过人的语言、行为和造物表达出来的文化。

文化又是什么呢？在我们中国的历史上，"文化"的意思大体说来就是"教化"。而对人类学家来说，"文化"基本上不带有"教化"的意思。作为学科定义的基本概念之一，"文化"指的是将人类与动物区分开来的所有造物和特征。例如，人创造了工具、盖起房子、懂得做饭，使我们与动物区别开来。这些人造的东西，都是动物没有的，人类学家称它们为"文化"。这里的"文化"，是渗透到日常生活的所有方面的。从我们的头上往下数，眼镜、衣服、鞋子都是我们的人的创造，从我们的家居到商店、工作地点、娱乐场所等，都属于文化研究的范畴。这些东西，我们业已司空见惯，因而不怎么注意，但它们却是人有别于动物的特征。人类学家一度认为，人与动物的差异主要在于人是直立的，而动物因没有直立，而没有获得能用工具的手。这样看人类的特性，曾经被广泛接受，随着文化理论的发展，文化人类学家意识到，这样单纯看人，是不充分的。甚至有人讽刺说，"直立人"的理论，有点像是把公鸡的羽毛拔掉，再让它站起来，说这就是人。话说得有点过分，但意思是明白的：人如果脱离了人造物，就不再具有人的性质了。主张专门研究人的文化层面的学者，反对局限于人的体质，而主张从作为人的基本特征的文化入手来研究人。

人类学家为了研究"文化"，将自己置身于考古资料、语言学资料和社会习俗资料的搜集、整理和分析之中，试图以专业化的形式来深入地探讨。根据资料性质的不同，文化人类学分为考古人类学、语言人类学及社会文化人类学。考古人类学家通过研究器物把人类文化分为"旧石器时代"（以石头相互撞击出来的工具为主要特征的时代）、"新石器时代"（以磨制石器为代表的时代）、金属器具时代（又分青铜时代、铁器时代等）。考古人类学家的研究，不局限于物质文化，而广泛涉及久远历史上人类生存、生活方式的总体情况。他们中有大批学者专门研究人类文明的起源。我们知道，与金属工具出现的同时，出现了文明。我们今天经常用"文明"来形容人的风雅，而在人类学中文明指的是与"原始时代"（即石器时代）相区别的社会形态，其核心表现为文字、社会阶层和国家的出现。考古人类学家对于从新石器时代到文明时代的过渡时期兴趣浓厚，认为研究这一时期，能使我们理解当今人类生活的历史面貌。在文明的研究中，文字的研究很重要。文字能记录久远的往事，能使人与人、群体之间交流更为便捷，也为王权的建设提供了文化基础。文字同时能赋予某些人特殊的权利，使他们与一般人区分开来,成为有地位的人。当然,其他的工具也很重要。例如,如果没有金属工具的出现,就不可能有大规模的生产和战争,而缺乏大规模的生产和战争,古代帝国的体制是不可能发展出来的。这些事实表明,考古学上的"文明",既含有文化进步的意思,又易于使人想到一些负面的进程,如人类的分化、相互猜忌斗争及暴力。

用语言来沟通,也是人之所以为人的基本条件。于是,人类学家也关注语言问题。语言是怎样兴起的,现在还是一个谜。人类学家研究语言大抵采取两种办法,一种是研究语言的分布和历史形成,称为"历史语言学"(historical linguistics)。这种方法与我们中国的方言学有些相近。中国的方言很多,有些地方过了一座桥就说不一样的话。语言分布的复杂性和历史形成过程,深受历史语言学家的关注。另一种叫"结构语言学"(structural linguistics),是比较新派的研究,主要关注语言和思维之间的关系,带有浓厚的哲学色彩。语言人类学发展到今天,也出现了对语言的社会意义的研究,特别关注语言的分类在道德风尚、社会结构及信仰体系中的重要地位。其中,有人综合语言学和仪式研究,来探讨言论与观念形态之间的关系,也有人侧重研究语言在社会认同的构成中发挥的作用。

如前面提到的,文化人类学的第三个分支,半个世纪以前曾叫"民族学",现在中国、法国、日本等地还部分沿用。"民族学"分成描述的民族学和比较的民族学,前者或称"民族志"(ethnography),后者或称"比较社会研究"(comparative sociology)。"民族志"所做的工作,主要是收集各民族的文化资料。一段时间内,比较民族学又与比较社会学并称,关注不同民族之间社会结构的比较分析。后来,德国和英、法之间的人类学产生了理论分歧。德国(北欧、俄罗斯等国)保留了民族学这个概念,注重研究物质文化背后的民族精神(ethnos)和文化,而在社会学理论的影响下,英、法则靠的是"社会"(society)这个概念。德国在民族国家的建设中保留了君主立宪制度,同时十分重视国内全体人共同享有的"文化",它的民族学即是以研究大众共享的文化为特征的。这种思想后来由犹太人传到了美国,在美国形成了与英、法不同的人类学风格,称为"文化人类学"(狭义的文化人类学),研究的是一个民族的整体文化特征。在英、法,民族学与社会学的很多因素结合了起来,被改造成"社会人类学",分专业研究社会组织、经济、政治制度和宗教仪式等。经一段时期的融合,以"文化人类学"和"社会人类学"为标准区分的研究风格,成为我们今天所说的**"社会文化人类学"**。

3 一样的人,不同的文化

人们经常将风俗、礼仪的不同,与种族的不同联系起来。但是,体质人类学的研究与文化人类学的研究,分别从不同角度说明这两种东西没有必然的因果关系。人与人之间的种族差异,其实都是表面的。人类学家曾经致力于种族差异的研究,最初根据皮肤和毛发的颜色、四肢和骨骼的差异来分析种族之间的文化差异。后来,有人从血型的比较分析来为种族差异理论寻找依据。到最后,人类遗传学的发展,则使我们看到,全人类的基因是基本一致的,种族的差异是表面现象,不可能导致种族之间的"智力""性格"和文化的不同。那么,怎么解释不同民族之间的诸多习性、为人方式、世界观、态度、道德、政治模式等方面存在的差别呢? 这些差异是不是巨大到如此程度,以至于文化与文化、民族与民族、群体与群体之间无法沟通呢? 或者说,这些差异是不是微小到可以被忽略不计,以至于我们可以提出某种普遍性的人性论呢?

回答这些问题时,体质或生物人类学家和文化人类学家,各自有各自的办法和观点,前者更注重人类遗传学的研究,而后者则大多数诉诸文化的解释。未来科学的发展,能否证明人类的文化来源于我们的基因和神经系统的构造,现在还不得而知。就目前的证据来看,人的主要特性是社会性,因而,人类学家主张,人的研究应有别于动物的研究,反对将人当成非社会的动物来看待。在这一前提下,人类学越来越脱离那种非社会、非人类的"自然科学"轨迹,而转入人文学和社会科学来寻求解释。这样一来,注重体质或生物人类学研究的那批学者,也就越来越专业化,加盟于动物学、生物遗传学和神经病学等领域中去,而其他的大多数人类学家,则保留了他们对于人文学和社会科学的关怀。"人类学"这个名词,一般指作为人文学和社会科学的人类学,通常不需要以"体质"和"文化"来区分。所以,当一个学者告诉你"我是一位人类学者"时,你就知道他也是人文学和社会科学家。

在世界上众多的人类学家当中，可能由于社会观念、理解方式和价值观的不同，而分化为不同取向和风格的人类学。有些人类学家注重研究不同社会、不同民族和不同群体的生活方式和文化的创造性，他们以展示文化的丰富性和多样性为己任，他们的成就显示出一种强烈的人文学追求。另外一派的人类学家则更像社会科学家，他们有的注重从经验事实中归纳出某种一般的、具有普遍意义的理论，有的认为经验事实如果脱离于社会科学理论的推理便无法解释。在过去的一百年中，人文学传统的人类学与社会科学传统的人类学两派之争受到了广泛的关注，影响极为深刻。两派学者的争论，其实是由文化的多样性与人的一致性这两个不同概念之间的矛盾引起的。这个矛盾还会长期延续下去，但不阻碍人类学家同时关注文化的相对性和一般性。著名人类学家张光直先生生前说的一段话值得一引：

> 这个新学科的特点，是把个别文化放在从时间上空间上所见的各种文化形态当中来研究，同时这种研究是要基于在个别文化中长期而深入的田野调查来进行的。用这种做法所获得的有关人文社会的新知识，一方面能够深入个性，一方面又照顾了世界性；一方面尊重文化的相对性，一方面确认文化的一般性。这种做法，这样的知识，是别的学科所不及的，因而造成

人类学在若干社会科学领域内的优越性。[①]

4　价值观

一门科学，无论它采取什么样的理论，都要追求反映事实本身，这也就是我们所说的"求真"。研究人类及其造物的人类学，对于人类的"真相"是什么这个问题，当然也不例外地加以关注。在这门现代学科中，从自然科学延伸出来的论述很多，人类学家曾用物理学的解释模式来看待社会构造，也曾用生物学的解释模式来推论人的身体与社会有机体的发育历史。可是，与真实的人接触得越深、越密切，人类学家对于从研究物的过程中提炼出来的认识论模式就会越来越失去信任。人类学研究的是人，他们有什么资格来对其他人的"真相"下定论？从学者个人的层次看，这个问题牵涉到人人平等的伦理观如何在人类学中得到尊重的问题；从学术的文化传统层次看，这个问题又牵涉到研究者所处的文化传统能否被用来推论出一个普遍的人性论的问题。

在我们这个时代，西方的人性论经社会科学规范学科的"普及"，已经深深影响着我们对自己的看法。所以，当代著名人类学家萨林斯（Marshall Sahlins）最近写了一篇长论，号召人类学家对西方

① 张光直：《考古人类学随笔》，台湾联经出版社1995年版，第56页。

人性论展开"考据学的揭示"。① 在这以前的人类学当中,并非不存在不加反思地推延西方人性论的做法。可是,更多的人类学家也能像萨林斯那样,对于近代文明的世界进程采取审慎的态度。经过漫长的跨文化旅行,人类学家通常能回过头来思索一个逐步被淡忘的问题:在人生活的社会中,什么时候"真"的东西真的离开过人们对于善和美的追求? 当真离开善和美的时候,我们人类是不是真的像有人想象的那样,抵达了一个自由王国? 如果说对纯粹"真"的追求是启蒙运动以来的几百年历史中被普遍化了的西方式信仰的话,那么,人类学家所要指出的,正是对纯粹的"真"与置身于社会的善和美之间的关系,因为只有在极不正常的社会中,这三个东西才是分离的。

说"真善美"三位一体,不等于说我们要用道德和艺术来取代学问,而无非是要指出:在不同的文化体系中,真、善、美的结合方式构成不同的解释模式。过于强调人类学对于"真"如何决定善和美——社会中的道德伦理体系和文化创造体系,会忘记一个真正的事实:对于"真"的追求,往往与犹太—基督教的"恶"的人性论难以分割。而追求纯粹的"善"和"美",同样使我们忘记社会中的道德伦理体系和文化创造体系,隐含着值得我们去认识的真相,它们是人的造物——世界先于我们存在。怎样面对人类历史那数百万年以来祖先给我们留下的难以解答的问题? 优秀的人类学家在他们

---

① 萨林斯:《甜蜜的悲哀》,王铭铭、胡宗泽译,三联书店1998年版。

的体会式理解中寻找着一个深刻的教诲：尽管文化的差异可能导致文明的冲突，但如何采取一个"和而不同"的文化观来观察我们人自身，是我们接近人的"真相"的必由之路。如果能这样理解人类学，那么，我们对"人类学是什么"这个问题，就会有一个妥当的理解。

　　人类学家研究的是人，他们要同时关心作为研究对象的人和作为具有独立人格的人。怎样使这样的学问同时进行真相的揭示、道义的延伸、创造的显现？这是一个多世纪以来人类学家探讨的主要问题之一。在这一不算太短的时期里，人类学家以为他们找到了一种能够暂时满足那个尚未实现的愿望的"窍门"，他们沉浸于深深的思索中，用一种对不同文化的富有意味的描述来表达人的面貌。我们将这种思索叫作"文化人类学""社会人类学"或"社会文化人类学"，而且认定这种学问是人类学的核心内容。

他者的目光

　　我们的学科让西方人开始理解到,只要在地球表面上还有一个种族或一个人群将被他作为研究对象来看待,他就不可能理解他自己的时候,它达到了成熟。只是到那时,人类学才得以肯定自己是一项使文艺复兴更趋完满并为之做出补偿的事业,从而使人道主义扩展为人性的标准。

——克罗德·列维-斯特劳斯

克罗德·列维-斯特劳斯（Claude Lévi-Strauss，1908—2009），法国结构人类学大师，20世纪人类学的集大成者。他主张从人群之间的交流来透视社会，为此他对亲属制度、神话、宗教展开广泛的探讨，为比较人类学提供了最精彩的范例。他著有《亲属制度的基本结构》《结构人类学》和《神话学》等名著。

　　阅读现代人类学的经典之作，令人对这门学科产生一个印象：致力于人类学研究的学者都十分关心"别人的世界"。"别人的世界"可以指石器时代的世界，但更多地指人类学家研究具体的人群时面对的不同于自己的文化，它在人类学中常被形容为大写的"他者"（Other）。在研究不同民族的社会与文化时，人类学家还十分强调"**主位**"（emic）和"**客位**"（etic）观察方法的区分。主位法和客位法来自于语言学，原本分别指操某种语言的人对于自己语言中细微的语音区分，与外在于这种语言的人可能做的区分之间的差异。在人类学方法中，主位的观点被延伸来代指被研究者（局内人）对自身文化的看法，客位的观点被延伸来代指这个文化的局外人的解释。主位的观点于是延伸来指一种研究的态度：人类学家强调要从被研究者的观点出发来理解他们的文化，而且拒绝用我们自己的范畴将被研究的文化切割成零星的碎片。

　　关怀其他民族、其他文化，不单是因猎奇心态使然，多数人类学家同时关注自己的社会、自己的文化,他们观察别人的社会时,总怀着理解包括自身在内的全人类的希望。所以,人们经常将人类学洞察的特征总结为"文化的互为主体性"(cultural inter-subjectivity)。**"文化的互为主体性"**指的是一种被人类学家视为天职的追求,这种追求要求人类学家通过亲身研究"非我族类"来反观自身,"推人及己"而不是"推己及人"地对人的素质形成一种具有普遍意义的理解。"文化的互为主体性"听起来很容易理解,好像是我们一般人都知道的常识——我们的老祖宗早就说,"他山之石,可以攻玉",但这样一种"常识"成为一门学科的基础观念,却来之不易。

1 人的"发现"

融入文化接触之中认识自己的群体、进而获得对自己的文化的自觉,这种做法的历史很久远。一些原始部落的图腾制度,就是通过诸如"熊"图腾与"狼"图腾的区分和联系来对自身文化的独特性加以强调的。人类学家主张的"他者"的视野,可以说与他们关注的原始图腾制本身有很多相近之处。他们像原始的部落人一样,关注自己在一个"非我"的人文世界中的自我形象。原始部落的图腾制度,向文明社会的转型,给人的群体的自我认识带来了深刻的变化。在史前社会中,群体的自我认同带有浓厚的神秘色彩。古老的人类群体,大多以动物来形容人自身,对他们密切接触的非人世界怀着既尊敬又恐惧的双重心态,对其他群体也经常用凶猛的动物来加以形容。到了早期文明时代,"人"区别于动物的心态发生了,占支配地位的群体通常将自己形容成"人",而将其他群体形容成动物。古人说"人者仁也",意思就是说"人"就是由一些个体的人组成的道德秩序群体。"仁"的观念包含着远古时期的一种社会理论,它指的就是人的社会性。但是,这种社会性的观念,是有它的特定文化局限性的。

老祖宗经常将这种意义上的"人"当成是"我们自己",对于别的民族群体,通常用非人化的"蛮"等等来形容。"他者"在这里主要是相对于有了"仁"的文明,而"仁"的观念本身意思就是说,有了文明的道德秩序才算人。在我们中国的历史上,"中原"和"华夏"这些概念大抵是在与周边的蛮、夷、戎、狄的对应下产生的。老一辈中国人类学家很重视民族史的研究,他们关注我们历史上的族群之间互动、冲突、融合的过程,也关注民族之间分分合合的历史。民族的历史动态图景与民族关系变化的历史,为我们揭示了一个文明体系内部文化之间相互区分和联系的历史,而这一历史本身,曾被著名人类学家费孝通称做"中华民族多元一体格局"。① 作为一种理想,"多元一体"确是人类学家说的"文化的互为主体性"的表现。类似的"人"与"非人"、"我"与"他者"之间的区分和联系中,确实含有人类学思想的苗头。可是,这种思想长期以来也被表达在我们

---

① 费孝通:《从实求知录》,北京大学出版社1998年版,第61—95页。

老祖宗有关"礼"的论述中。

"礼"是从原始的互惠交换中脱胎而出的行为哲学,指的是人与人之间、群体与群体(包括族群)、阶级与阶级之间交往的总体社会逻辑。这种逻辑本身,也是一种政治仪式的实践,因而不单纯是一种对于文化的互为主体性的学术探索。历史上不乏记载民族文化关系的重要资料,这些文献记载着我们中国人表达的对于其他民族、其他文化的看法。例如,司马迁《史记》的外国列传的记载与现代人类学的民族志记述有很多相似之处,因此不少人类学家认为它是人类学思想的源头之一。不过,如果深入研究文明史中的文化观,那么,我们就能看到,古代的民族文献与现代人类学还是有区别的。我们中国古代的民族观,就有"大民族主义"这一面。所谓"大民族主义",指的就是对"非我族类"的偏见。这种偏见里头或许能宽容些许文化互为主体性的因素,但是它的等级色彩很浓,与我们历史上处理民族之间关系的朝贡制度有着密切的关系,表现的是边缘与中心之间的等级关系。这种等级关系,是由军事、朝贡制度、礼仪制度和地方行政管理制度来维系的,因而不单纯是一种学术的论述。

作为西方社会科学之一门的人类学,在其学科的发生之初,也带有这种文化等级主义色彩。我们知道,西方人类学的原初观念大致是在15世纪以后逐步孕育出来的,跟西方探索世界、对外扩张的历史分不开。1492年,哥伦布抵达加勒比海,以为发现了"新大陆",他的发现是个误会,但却促发了欧洲把握整个世界的欲望。从那年起到 19 世纪中叶,欧洲探索世界的努力不断。在这过程中,探险家们亲自面对了很多不同于自己的人群,对他们产生了兴趣。在那几个世纪里,将"蛮族"当成欧洲社会的"乌托邦",用"野蛮人"来想象理想的秩序,是一种流行的做法。① 但是到了 19 世纪中叶,这种思想被人类学的早期思想取代。那时,人类学得到了系统的阐述,是因为那个时代突然出现某种以科学为基调的文化等级论思潮。人类学史专家斯托金(George W. Stocking Jr.)在一本《维多利亚时代的人类学》的论著中指出,19 世纪的人类学主要是进化论支配下的人类学,而这种人类学是在当时西方文化观念的影响下形成的。②

19 世纪的上半期,文化的等级高低,成为政治家、学者和常人热衷讨论的问题。例如,维多利亚时代的英国,工业化和资本主义的发展,使很多人从王权观念界定中的人的等级观念中解放了出来,开始拒绝以人的世袭社会地位的角度来看待人的等级差异。在这样的情况下,英国人开始面临一个问题,即,如何解释国内文化的等级高低。说得明白一点,当时的英国人在工业化的成就中看到了英国民族的"辉煌",同时,在不断被侵袭的农村中,他们又看到了很多与正在成为主流的"资本主义精神"大相径庭的生活习惯。在都市中,理性的新式基督教,显然已经占据了支配地位。而在英国

---

① 福克斯主编:《重新把握人类学》,和少英、何昌邑等译,云南大学出版社 1994 年版,第 22—54 页。

② George W. Stocking. 1987. *Victorian Anthropology*. New York: Free Press.

偏远的农村,妖术、巫技等习俗却还很流行。此外,被传统制度制约着的亲属关系、两性关系,也与都市的大社会完全不同。那些致力于启蒙民智的学者和政治家,在国内的状况下解释文化差异的紧迫感便油然而生。

矛盾的是,在启蒙哲学家的影响下,西方学者对于原始社会和东方社会有着很多美好的想象。到19世纪,随着欧洲的世界性扩张,使一大批商人、探险家、海盗、传教士、学者有机会亲身看到了人类的种族与文化差异的面貌。这些走向世界的欧洲人,堪称第一批业余的人类学家,他们从欧洲出来,看到世界各地的很多人种和文化,其中,有的种族长得像人又不像人,文化非常低下,能说话但不会写字。在非洲的热带,他们发现了很多黑人,一丝不挂或只挂一丝,社会生活处在"野蛮状态",难以与文明风范相比。他们中有的到了中国、印度、埃及,发现这些地方的文明非常发达。像启蒙哲学家告诉他们的那样,这些国度确实有值得西方学习的地方。但是,进入工业化时代的欧洲人,却再也不能忍受这里的官员和人民的烦琐礼仪和缺乏效率。怎么样看待种族的差异和文化的差别?他们以自己的文化为中心,对这些文化进行年代和价值的判断,造就了一种文化进化的思想。

2 近代人类学

欧洲发达国家近代文化的经验,催生了当时的人类学家对于人类差异的研究,而在一段相当长的时间里,达尔文的生物学进化论,为种种研究提供最为方便而有效的方法。在体质人类学方面,生物学进化论的沿用,使人类学家将世界划分成有智力高低的生物界,而这种智力高低的生物界又与某种特定的文化差异观念完全对应起来,成为社会和文化的进化论,影响了整个社会理论和人类学的发展。进化的理论不是完全没有道理的。但是,它包含着一种西方中心的普遍主义思想。当时的西方人类学家简单地把英、法、德的穷苦农民与欧洲以外的其他民族等同看待,视他们为低级的古老文化。用所谓"科学"的方法将这些文化排列组合成一定的时间顺序。这样一来,早期西方人类学对于"他者"的论述,就深深地打上了文化等级主义的烙印。

西方人类学形成的过程,与西方中心的现代世界体系的形成是同步的。近代的世界围绕着逐步由地中海文明推及世界各地的经济政治体系,形成了中心、半边缘和边缘的等级体系。这一体系与中国古代的朝贡制度有很大的不同,它不是以"礼尚往来"为主要手段来维系的,而是以贸易、军事征服和政治诱导为基本方式构造出来的。在这种过程中产生的人类学,必然带有殖民主义色彩。同时,近代以来在西方形成的人文社会科学学科化,也对应着欧洲国家内部的部门区划。例如,近代西方的历史学阐述一个民族国家的"自传",政治学对应着一个民族国家的政府,经济学为这个民族国家的市场和财政提供发展的依据,社会学与它的公共政策、民政、社区服务等等形成密切关系。近期西方人类学史研究说明,近代人类学缘起于19世纪西方民族国家的对外扩张。那个时候,人类学也曾经服务于西方的某些部门,特别是与殖民政府对殖民地的统治有关。人类学与其他社会科学在这一方面的分工,正好也说明这门学科与近代以来世界格局的变化有着某种难以割裂的关系。

现代民族国家与学科体制之间的这种特殊关系,在19世纪中叶表现得最为明显。要了解这一点,不妨一读华勒斯坦(Immanuel Wallerstein)的《开放社会科学》,书中讲述了19世纪时大学内的各个社会科学学科是怎么来的。① 华勒斯坦的观点是,西方社会科学的兴起,与西方民族国家的内外事务的专业化有关。我自己也觉得,西方社会科学学科对中国来说虽是后起的"舶来品",但是华勒斯坦的分析,也能适用于人类学史的剖析。中国最早的人类学引入发生在1926年,北大校长蔡元培写成"说民族学"和"文化人类学"两篇文章;再早更可以追溯到严复翻译的《天演论》。更早也有中国的思想家,如康有为,游历欧洲时写下的见闻,也富有人类学的色彩。他们共同关心一个现在看起来非常简单的问题:为什么罗马帝国会分裂成众多小国? 当时,他们没有问到为什么这些小国反而更加强大? 他们只是在罗马那里大发感慨:要是罗马帝国还是那么强大,那么大清帝国岂不是要灭亡了。其实,根据华勒斯坦的研究,所有这些学科,历史学、财政学、社会学、经济学这些知识体系的兴起,都是欧洲的那些"犬羊小国"(相对于帝国的民族国家)内部事务的

① 华勒斯坦:《开放社会科学》,刘锋译,三联书店1997年版。

产物。只有人类学是处理外部事务的产物。欧洲以外的民族和国家都是欧洲征服的对象，你怎么治理和看待这些国家，所以人类学在大学也就应运而生。在中国 19 世纪末期产生西方人类学翻译和引介事业，与欧洲人类学的兴起过程背景有所不同。对于欧洲来说，民族国家的内外事务是核心问题，而对中国来说，重要影响主要来自"天下"在民族国家时代面临的内外危机。

3　不成功的转变

进化论在社会思想中起过的作用是巨大的，它引导人们脱离对于神的全身心服从。假想一下，如果你是生活在五百年前欧洲教堂里的修士或者修女，你就会出于自愿或被动反复阅读《圣经》，不断地阐释《圣经》中的道理。突然，有一个修士站起来说："哎，不要再讲了，这些完全是落后的东西，我们要讲进步，《圣经》不能告诉我们进步的故事。"那时，说了这句话的那位修士一定要遇到麻烦，遭到他人的训斥。为什么？因为那个时代的人们对于进步的观念很恐惧，觉得与道德的混乱有关。

中世纪的时候，欧洲有许多科学家都是在教堂做研究的，但他们有的话不敢多说，有的即使说了，也不会承认说的是"进步"。当时，"进步"与"不道德"几乎是同义词。一百年前的中国，大体也一样，那时维新是要冒风险的。你说到"进步"，统治者就以为你要推翻他;你说"新",统治者就以为你是说皇帝昏庸了。新旧是有道德意义的,新的东西很危险,被称作"奇技淫巧",旧的东西反倒是几千年来一直宣扬的东西。朝廷从不宣扬前代,例如明代宣扬的是宋代,清代宣扬的是汉代。我们设身处地地想想,在康有为的时代,我们有没有胆量质问天下是不是要重新设计?我们很多老祖宗会说康有为在搞歪门邪道,只有少数人认为他的说法有预见性。

我这样说,无非是要指出:人类是到了近代的时候才开始标榜进步论这种思想的。我们知道,在欧洲,将别的民族当成"落后民族"的观点,是后起的。在哥伦布以前,西方人对非西方的文明也是很向往的。马可·波罗就是这样一个人。他是一个旅行家,偶尔见过忽必烈,就吹嘘这位大汗对他多么好,很多重要的事情都向他询问;他又如何见到了多少东方的奇妙之物,真有点像刘姥姥进了大观园。比马可·波罗更早一些,有位欧洲传教士跑到非洲的沙漠上去,看到那里的人对什么东西都顶礼膜拜,树也是神,河也是神,什么都是神,他就认为这些人才是"纯洁的天主教徒"。从社会理论的社会根源来说,进步的思想是在欧洲18世纪时才逐步发展起来的,到了19世纪才开始被广泛接受。

要理解它的兴起和传播历史,斯托金的人类学史论述,很有帮助,令我们有可能真实地想象那时英国的情景。当时的英国有一些民俗学家,有的是资产阶级,有的是没落贵族,他们专爱收集古董和探查奇风异俗。这些资料使他们反思为什么"他们"(民俗的承载者)那么生活、"我们"(研究者所处的阶级地位、文化背景)这么生活。这里的"他们"和"我们"是有等级差异的——"他们"比"我们"落后。这种阶级性的对比,后来与英国的殖民主义经验结合在一起,使文化等级主义的观点进一步得到发展。那时的英国绅士看到不同国家的"土著"不仅长得不同,服饰也不一样。在非洲和太平洋岛屿,人们不穿衣服。而在印度、中国这样一些国家里,人们穿着对英国人来说奇形怪状的衣服。中国的男子还扎辫子,眼睛很小,女人缠足。黑人更让英国绅士觉得费解,他们于是怀疑这些黑色的人类与猩猩同属一类。英国当时去海外的人,很多都是本国低贱的人,却也要歧视别的民族。他们把自己国内的阶级差异搬到了海外。于是把"他者"想象成比他们自己还要落后的阶级。

由民俗推及生活风尚,只是当时社会思想变化的一个侧面,其他的侧面还包括"宗教"这一说。在历史上的很长时间里,西方人相信教徒和异教徒都来自于同样的信仰,人在神面前是平等的。直到相当晚近的时代,人们还认为所有宗教来自对不确定现象的怀疑:就像小狗见到树在动就会叫一样,我们人看到树在动就怀疑树是有灵的。可是,随着历史的发展,信仰演化成了一个很严肃的问题。越来越多的科学家认定原始人不像天主教和基督教那样相信同一个耶稣。原始社会的信仰没有这么"崇高",凡是有恶意的东西、对人有挑战的东西都是可信的。例如,村庄旁边的森林,就可能是被崇拜的对象,所有有力量的东西都有灵性,这就叫作"万物有灵"。在进化论者看来,从"灵"到"进步了的"神,是一个历史的进步,但神性的这一连续性,同时也说明人的心理状态是一样的。可以想见,近代人类学的先驱——必须承认,他们都极为博学而且精于概括、思考,其不少想法极有深度——对人类历史发展怀着一种乐观的想象,但这种乐观背后隐藏着一种矛盾的心态。一方面,近代人类学家认为他们看到的非西方人是原始的,比他们自己的文化落后;另一方面却又认为,由于大家的心智一样,因此随着历史的发展,人最终会变成一样进步。

对于诸如此类的文化进步论思想,我们今天用"进化论"来形容,它来源于近代欧洲的文化等级思想,后来又与生物学进化论相结合,变成社会达尔文主义的一种。进步和进化观念演变的过程,也是社会思想"自然科学化"的过程,它推动了人类学的学科发展,但也给我们留下了一个深重的历史矛盾。进化论将人类的进化看成是必然的匀速进程,而没有合理解释不同的民族为什么处在进化史蓝图中的不同阶段。为了协调人类一致的进步历史与文化多样的差异,近代人类学家诉诸一种台阶式的宏观历史叙事,将与西方不同的文化看成远古文化的残存,将西方当成全人类历史的未来。这种做法实质上是文化等级主义的一种表述。

到 19 世纪的后期,为了克服进化论的这种矛盾,一些人类学家对于文明的历史提出了新的看法。我们知道,这种 19 世纪末的文化反思,被人类学家自己总结成"传播论"(diffusionism),它主要来自德国、奥地利和英国。我们中文用"传播"来翻译"diffusion",又用同一个词来翻译"communication",其实这两种"传播"的意思大不一样,前面一种"传播"指的是从文明的中心向边缘传递文化的过程,后面一种指的是一种双向的文化互动过程,也指围绕"传播"而展开的社会一体化进程。理解了这个差异以后,我们就很容易知道,近代人类学的"传播论",也是文化等级主义的一种表述,尽管它的观点正好与进化论颠倒过来了。大多数持传播论观点的人类学家,对于考古学、语言学和民族学的资料都极为重视,他们也是博学的历史学家。通过古史的研究,他们认为文明的历史是文明逐步分化成不同的边缘文化的过程。在古代的非西方世界,文明高度发达,到了后来这些文明逐渐衰败成非洲、中东、中南美洲、亚洲的"世界少数民族文化"。在文明古国的核心地区,古代的时候,文化发达到极辉煌的程度,它的某些因素因移民和工具的传播流传到边缘地区,保留至今,但与古代的文化不能同日而语,因而文化的历史进程,就是一个文化的衰退过程(degeneration)。

　　传播论的观点怎么理解? 我们可以举一个假想的例子来说明。比方说,北京中关村造了蛮先进的电脑,经过一年辗转传到了贵州山村。根据进化论,一年后的东西,应该比一年前的先进。但是"考古证据"证明,贵州山村因经济的原因继续用这台电脑,后来中关村用奔腾处理器了,山里的人们还不知道。过了很长的历史时期,因为突发的事变,中关村失去了它作为电脑文化中心的地位,而贵州山村却还对他们拥有的来自中关村的那台老电脑顶礼膜拜。传播论者如果看到这个假想的例子一定会很兴奋,因为这正好说明文化滥觞的历史过程,说明文化是怎样从一个中心传到一个边缘地区,接着在边缘地区被保留为"神圣的遗产"的。这也是一种文化等级主义的看法,它注重的不是时间推移过程中文化的进步过程,而是空间扩散过程中文化的衰退过程。

倒过来想象一下传播论与进化论的差别,我们知道前者认为人类文化是随着时间的推移而不断退化的,而后者则坚持认为,随着时间的推移,进步是必然的。再举宗教的例子,传播论认为原始宗教的混乱现象,是因为当代原始部落民忘记了古老时代的严谨信仰,而进步论则认为,这种混乱的宗教是近代基督教的前身。19世纪后期,传播论的兴起与欧洲人的心态发生的一个重大变化有密切的关系。以往,欧洲帝国主义的上升给欧洲人带来了充分的自信。这时,世界的混乱、欧洲内部的矛盾及人们对于资本主义的反思,给了不少学者新的启示,使他们不再相信欧洲文明的无限生命力。他们中一些人甚至从乐观转向悲观,认为文明是有生命周期的,文明会生,也会死的,文明中心的死亡,可能意味着边缘的兴起。到20世纪初,斯宾格勒(Oswald Spengler)写了《西方的没落》,充分总结了这种新的文明论。① 在同一过程中,很多人类学家也转向了一种新的人类学探索。虽然传播论一样地存在很多缺陷,但是它带来的那种悲观主义的历史观深刻地影响了20世纪的人类学家,令他们更谦虚地看待自己的文明。

---

① 斯宾格勒:《西方的没落》,齐世荣、田农等译,商务印书馆2001年版。

4 现代人类学

要理解人类学,首先要理解促发这门学科发生的种种历史因素。直到今天,古代朝贡体系及近代殖民主义对我们仍有影响。在文化接触过程中,我们仍然看到不平等族群和文化关系在为文化等级主义提供言论的制度基础。从一定意义上,我们可以认为,人类学曾经为这种文化等级主义提供根据,甚至服务于新旧殖民主义。然而,这种种复杂的历史因素不能代表人类学本身,也不能否定这门学科的存在意义。我们今天所知的人类学,已经与古代和近代的文化论述形成了鲜明的差异,这种人类学追求的,是一种区分于文化等级主义的观念形态——文化的互为主体性。至今为止,这种观念仍然没有被所有人类学家接受,但自从 20 世纪初期以来,经过一代代人类学家的努力,它已经扎根于人类学这门学科。现代人类学的观念形态是如何产生的? 对于这个问题,人类学家自己有不同的看法,但一般公认,它在 20 世纪的上半叶得到了深刻的诠释。

20 世纪前期的人类学,以英国、法国和美国的人类学理论为主导,得到了空前的发展,那些构成现代人类学基础理论和方法的东西,也是在这些国家首先提出来的。在英国,现代人类学的奠基人是马林诺夫斯基(Bronislaw Malinowski)和布朗(A. R. Radcliffe-Brown)。马林诺夫斯基是波兰人,来到英国人类学界,与进化论者和传播论者都有过师承关系。第一次世界大战期间,逃了兵役,跑到特罗布里恩德岛(Trobriand Islands)去做田野考察,在那里提炼出了最早的现代人类学方法论。布朗是典型的英国人,既严肃又风趣,这种风趣与中国的不同,是酸溜溜的那种风趣。两个人长得也不一样,马林诺夫斯基光头,眼睛炯炯有神,很清瘦,他是波兰人,总是遭到德国人欺侮,所以对东方人比较善良。布朗不一样,他有绅士派头,像是要教训别人似的。布朗后来在牛津大学把持一个研究所,与马林诺夫斯基在伦敦大学领导的伦敦经济学院人类学系对阵,两派各有自己的主张,但他们从不同的角度为现代人类学做出了巨大贡献。

马林诺夫斯基的主要贡献是对作为人类学基本方法的民族志进行典范论证与系统阐述。马林诺夫斯基反对老一代人类学家坐在摇椅上玄想人类的历史,他认为,基于探险家、传教士和商人撰述的日记、报道和游记来做的人类学研究,属于道听途说;作为一种"文化科学"的人类学,必须经过亲身的观察,才能有自己的资料基础,才能避免本民族对他民族的文化偏见。这怎么理解?读过马林诺夫斯基的《西太平洋的航海者》一书的人,对于他的思路会有一个全面的认识。① 这本书是马林诺夫斯基所著的大量作品中最为经典的一部,它以一种奇异的库拉(Kula)流动模式为主线,描述了固

---

① 马林诺夫斯基:《西太平洋的航海者》,梁永佳、李绍明译,华夏出版社2001年版。

定的象征物交流,怎样围绕红色的贝壳项圈和白色的贝壳臂镯展开,以顺时针和反时针两个方向,经过交易伙伴的集体航行,将一个个新几内亚小岛联系成一个整体,成为一个生产、制度、观念体系和实践的整体形态。他的研究说明一个重要的观点:对于非西方文化的研究,不能采取进化论宏观历史观念的臆断,而必须沉浸在当地生活的细微情节里,把握它的内容实质,以一个移情式的理解,来求知文化的本质。马林诺夫斯基指出,一个合格的人类学家,要先对特定人群生活的具体地方进行深入考察,才能写出人类学论著来。他强调,人类学家要参与当地人的生活,在一个有严格定义的空间和时间范围内,体验人们的日常生活与思想境界,通过记录人的生活的方方面面,来展示不同文化如何满足人的普遍的基本需求、社会如何构成。

马林诺夫斯基的人类学是一种**"实际的人类学"**,与非实际的、模糊的、理想主义的人类学不同。这种人类学具有很大创造性,对20世纪人类学的发展起到了极为重要的推动作用。在马林诺夫斯基以前,很多西方人将非西方文化看成古代奇风异俗的遗留。马林诺夫斯基认为这种看法站不住脚,他说要是人们亲自去体验非西方生活的话,就会承认所有的人类基本的需要是一致的,所有人都要吃早饭,要跟人交往。我们到别的民族中去看的时候,不能孤立地看,要把他们生活的方方面面都连在一起。同时又在考虑文化作为一种工具,是如何被人们创造出来满足他们自己的种种需要的。这种既考虑到整体又考虑到文化满足人的需要的看法,被称为"功能主义"（functionalism）。

马林诺夫斯基说自己的人类学是"浪漫的逃避"，他研究的小岛以前是西方探险家的乐园，而马林诺夫斯基则躲在这个很美的地方，做"桃花源式的人类学"。1942年，在他去世那年之前，他意识到自己的东西好像没有用，他当了老师，不得不告诉学生世界上发生了什么变化。他在伦敦经济学院办了一个研讨会，里面出了一个学生，就是弗思这位后来被认定为"英国人类学之父"的人类学家，他通过个人的努力为人类学与政府的合作找到了途径，主张人类学应为改良文化之间的关系、殖民地的管理等做出贡献。

马林诺夫斯基和布朗生前有很多学术争论和私怨，但他对于人类学价值观的理解，布朗也是暗自赞同的，他们都反对进化论，崇尚一种将非西方文化看成是活的文化而不是死的历史的态度。布朗自称自己的人类学是"**比较社会学**"，意思是说人类学是服务于社会理论建设的经验研究和比较研究。他读了法国社会学家涂尔干（Emile Durkheim）的书，相信社会科学的基本追求是做孜孜不倦的"概括"（generalization）。如果说马林诺夫斯基的民族志有点以喋喋不休的故事为特征、以故事的寓言式启发为优点，那么，布朗则不满足于此，他要求民族志要以"理论概括"为目的，其最终的前景，是基于跨文化、跨社会的比较研究提出一般社会学理论。布朗强调"社会人类学 = 比较社会学"，他认为一个民族的生活情况的描述，不足以代替具有普遍意义的理论。这对西方社会学来说如此（西方社会学长期以来停留在西方社会的研究上），对西方人类学来说也是如此(西方人类学长期以来停留在非西方社会的研究上),新的人类学必须综合两者,才能真正成为社会科学。

布朗的想法,在他的《社会人类学方法》一书里得到了比较全面的表述,他的理论观点大都来自社会学家涂尔干讲的神圣是如何与世俗生活相互对应的、互为因果的。[①] 世俗在他看来就是社会,而神圣则是社会的集体表象。用一个不恰当的比喻,马克思认为经济基础决定上层建筑,而涂尔干则认为社会决定宗教。尽管表现不同,但是诸如宗教活动这样的集体的东西,表达的是人们对世界的看法,反过来,这种集体的看法,既反映社会的集体性,又是这一集体性的生成机制。涂尔干还说过社会是什么,一个社会,所有的人都加在一起,还不够社会那么大,社会大于个人的总和。他强调的是一种集体的关系,它的雏形从意大利的波伦亚等地兴起,起初属于"结社"(association)性质,后来变成全国性的联系体,称为社会(society),最后跟民族国家的疆界重合,具有很强的凝聚力。

虽然涂尔干的理论是法国式的,与法国人的共同体经验有密切关系,但是英国的布朗提出的"比较社会学"还是大量参考了这个想法。他关注的是涂尔干的那个问题:社会是怎样构造的? 要看社会这座大厦是怎样建设起来的,就是要看社会的结构,如同看待楼房的结构一样。结构有一个形式(form),美国人叫"文化的模式",英国人叫"社会的形式"。布朗认为内部的结构决定了外观的表

---

① 布朗:《社会人类学方法》,夏建中译,华夏出版社2001年版。

现,而内部的结构本身之所以存在,是因为各组成部分形成相互依赖、相互作用的关系,这种看法叫"结构—功能主义"(structural-functionalism)。一座房子不能没有地板、天花板、墙壁,它们之间的物理学关系就是布朗要看的结构—功能关系,而布朗的社会人类学,指的就是研究不同社会如何把这个大厦建起来的过程。属于他那一派的人类学家,喜欢看实在的结构,所以也喜欢研究可见的政治制度。他们所处的时代,很多非西方民族还不存在现代形式的民族国家,为了比较,他们研究了"没有国家的社会"是怎么建立的,认为这样的对比有助于理解西方社会与民族国家的重合。

在同一时期,法国涂尔干学派的社会学也引申出了一种新的人类学。英法社会人类学都受到社会学大师涂尔干的影响,两国之间人类学知识和思想的交流很频繁。但是,法国式的人类学却走了一条与英国有所不同的道路。值得一提的现代法国人类学派奠基人,有葛兰言(Marcel Granet)、莫斯(Marcel Mauss,或译"牟斯")两位。葛兰言和莫斯都与涂尔干有亲戚和师承的关系。葛兰言是个汉学专家,但他的雄心远远超越汉学,他想从中国资料看一般人类学的做法、看一般社会理论的可能性。我自己认为,迄今为止,在这一方面他是成功的少数人之一。他的著书很多,最主要的创新,是提出了结构人类学的基本说法,为法国结构主义提供了前提。葛兰言著作很多,其中尤其有名的那本叫作《古代中国的诗歌与节庆》,讨论了《诗经》这本书对人类学的启发。① 大家知道《诗经》分成风、雅、

---

① Marcel Granet. 1982. *Fêtes et Chansons anciennes de la chine*, Paris: Albin Michel.

颂三个部分。大体来说，"风"是春天的节庆，"雅"是知识分子的吟唱，"颂"是宫廷里的颂歌。葛兰言认为这三个部分之间有一个互动和相互演绎的关系，这个关系也是一个过程，它展现了中国礼仪的起源在什么地方。《国风》是最古老的，雅、颂都来自于风。"风"是关于性关系的委婉表现，那么雅、颂代表的"礼"的文化，完全来自于古代的男女关系与群体间交换的基本关系。"关关雎鸠，在河之洲"就是说我看你在那边好漂亮。这种对歌的关系是所有个人和个人、集团与集团之间的关系中最原始的，而不是涂尔干的"社团"。这种对歌的关系，在后来被发展成为"礼"，在法国则被理解为"社会"，或"总体赠予"（total presentation）。

　　葛兰言认为，中华帝国的辉煌文明，就是通过改造原始乡野的交换而形成的。他提到，上古的对歌经常发生在村落之间的溪流和山坡，后来这种村与村之间过渡的象征，被提炼成"江山"，直接代表国家，抽象成帝国的象征。其中，秦汉时期的"封禅"是促成民间文化宫廷化的主要手法。"封"指泰山，"禅"是泰山旁边的小山。一个象征神、一个象征鬼，阴阳两界的住宅得到互为对照、互为印证的表现。同时，秦汉时期还发生了时间观念的改换。在上古时期，中国人理解的"年"是生和死的对应关系，在国风时代，生是在春天，主要举行对歌和婚礼，而在秋天和冬天，人们则祭祀亡魂和祖先。这个周期又跟播种和收割的周期对应。时间这种基本的结构对应关系，后来演变成朝廷文化的一个部分。我们知道，在历史上，从皇帝到州官、县官都要举行鞭春牛仪式。春牛是土做的，上面刻着一年的时间，从城东抬到城西，由军卒持鞭鞭春牛，表示政府重农。但是到了秋天，皇帝一般要选择时机来惩罚不法之人。葛兰言认为，这种春生秋杀的逻辑就是来自上古乡野的播种与收割的时间节律。也就是说，从中国文明史研究中，我们可以看到，原生的男女关系，怎样与生和死、阴和阳、播种与收获构成同构关系，并在后来影响了中国朝廷礼仪的构成。

莫斯研究的涉及面很宽，但他的《礼物》最为有名。① 《礼物》说的是什么呢？我们大概都会想起两种东西，一种是在大都市生活一段时间以后回一趟家感受到的"人情压力"或"人情债"；另一种或多或少与"走后门""行贿"有若干相似之处。在大城市的人做人与那些小地方人不同，今天见一个人，明天就可能要说"再见"，两者之间没有长久相处的必要。所以，有一些朋友说，在大城市里，人情欠得少。回到小地方，我们自然而然感到处理人情关系的压力，总以为人情是不好的东西，与我们的现代社会格格不入，因而导致不理智的行动。"走后门"送礼这一现象，利用的是旧日形成的亲情和友情，交换的是物品与机会，目的当然各式各样。像"行贿"这种东西导致的交易，其基本特征是不平等，是政治地位低的人向政治地位高的人"进贡"以达到个人目的的手段。不过，如果莫斯还活着，他或许会说，这种典型的"权钱交易"正好说明"礼物"关系的普遍意义。"礼物"关系的基本原理是，交易双方的关系不是物本身

① 莫斯：《礼物》，汪珍宜、何翠萍译，台湾远流出版社 1989 年版。

的价值的对等性,而是人与人的关系的对等性。像"权钱交易"这种行为,可以解释为以物质的东西来抹平政治地位的差异,从而促成人本身的交换。莫斯表明,很难用理性和不理性来区分社会行为,人情这样的东西不是不理性的,它是人们交往的原初基础。人与人的交往构成社会,而这种交往的基本特征就是我在上面简略的"总体赠予",是一种人格的交往,是在人格交往基础上形成的共同拥有的习惯、信用、荣誉和面子,是一种整体的社会现象。也就是因为这样,所以深潜于人情文化之中的人们,总是觉得没有按照人情的原则来做人,就可能被别人看成不是人。

莫斯的理论针对的好像是"古老的社会"(archaic society),是古代希腊、罗马、印度、中国及现存的部落民族的同类现象。但他想从这些广博的知识里面汲取的教诲,除了"古老的社会"的制度与风俗以外,还有人际关系互惠性的普遍意义。不难理解,莫斯的书大量引用马林诺夫斯基关于库拉圈的研究,用以展示交换与整体社会的关系。他要指出的是,"礼物"的基本要点是,每个人在礼物交换中既有责任去送人家东西,也能拒绝礼物,有责任收取,不收会遭人嫌弃。为什么这样?因为礼物交换代表的,与经济学家说的个人的、物质的最大化理智不同,它代表一种社会的理智,是做人——为仁——的理智。这种理智从原始社会到资本主义社会都存在,它的原初表现是送礼,随着现代社会的兴起,被制度化为资本主义社会的慈善和福利制度。

法国现代人类学的发展脉络,有它的独特性。在英国,布朗等人类学家停留在涂尔干社会结构理论上面,而在法国,像葛兰言和莫斯这样的人类学家,却在他们的老师(涂尔干)的学术传统内部开拓了一种对于社会的新解释。他们都很关注西方以外的社会怎么回事。更值得注意的是,他们试图在非西方的社会模式里头寻找一般理论。于是,他们的理论十分典范地体现了现代人类学家对于西方中心主义社会理论的摈弃,体现了一代人类学对于本文化的超越。这一超越,后来在著名人类学家列维-斯特劳斯的哲学、语言学、认识论和神话学中得到发扬光大,成为法国学派的典范思想,使法国人类学最快摆脱进化论和社会结构论的制约,进入了世界人类学的前沿。

在现代人类学中,美国也取得了很大成就,这些成就与来自欧洲的犹太移民学者有密切关系。去过美国的人能注意到,美国的很多大学,外观是根据牛津、剑桥的模式设计的,但走进建筑的内部,我们却看到内装修很有德国的意味。美国人类学也有这样的特征,它的外观经常与英国有些类似,像芝加哥、哈佛这样的大学,人类学的教学和研究受到英国的影响比较大,但从内在精神来说,美国人类学的深层结构,潜在着很多德国文化理论。波亚士(Franz Boas)是美国现代人类学的开创者,这位人类学家与英国式的社会人类学家摩尔根不一样,他的主张叫"**历史具体主义**",顾名思义,指的就是从具体事实来看历史的做法,它不注重法权制度的历史演变状况的研究,而推崇一种细致入微的人类学描述与评论。了解一点波亚士的人,能知道这位人类学大师对种族关系、语言、考古学的瓶瓶罐罐很感兴趣,尤其对于族群、语言和物质文化的空间分布有着特殊的爱好。

波亚士对德国传播论还是有批评的,他强调,不能只看大的文明如何传播到世界边缘地区的过程,而应该像考古学家那样看日常生活的物品是怎样分布的。随着时间的推移,他在语言学和文化理论方面也提出了一些看法,他注重文化的历史,注重从历史的具体时间和空间场景中延展开来的过程。从更高一层的理论看,历史具体主义与文化相对主义的看法是分不开的。波亚士不认为文化有一个绝对的价值,他主张在文化的具体场景中去寻找文化自身的本土价值,认为文化只要存在,就有它的意义。马林诺夫斯基从人类普遍的基本需要来解释非西方文化存在的必要性和历史现实性,波亚士则认为,所谓人类普遍的东西,可能是西方学者自己的想象。其实,非西方的"土著"有他们一套对自己的生活的看法,这些看法是相对于他们的具体生活而产生意义的,因而文化的相对性是普遍的。

历史具体主义和文化相对主义的理论,必然导致对西方文化的自我批评。波亚士的许多弟子都是通过发现新的东西,来向西方主流文化发出疑问的。其中女人类学家米德(Margret Mead)是很有名的,她的书不仅人类学家要看,而且传教士也要看,因为它改变了西方的传教方式。原来传教像教学一样,满堂灌,不听就是坏蛋,而米德则通过微妙的方式告诉他们,萨摩亚那些"土老帽"的教育方式远比西方人高明。西方当时的教育与我们差不多,也要背诵很多东西,不能边学边玩,尽管我们现在都装成能这样。学与玩不能结合,在科举传统的中国根本办不到,在今天也很难办到。但是米德说这种科层制的教育在萨摩亚人那边是不存在的,在那边玩和学是一样的,如同猫学习抓老鼠一样。民俗学研究的民间游戏,很多都是学习的游戏,不像我们今天的学校,将学习的时间和空间与游戏的时间和空间完全剥离开来。

"离我远去"

现代人类学似乎还在与18世纪的哲学家们所喜欢的启蒙问题做斗争。不过,它的斗争对象已经转变成了与欧洲扩张和文明的布道类似的狭隘自我意识。确实,"文明"是西方哲学家们所发明出来的词汇,它当然指涉的是西方哲学家们自己的社会。……在众多西方支配的叙述中,非西方土著人是作为一种新的、没有历史的人民而出现的。这意味着,他们自己的代理人消失了,随之他们的文化也消失了,接着欧洲人闯进了人文的原野之中。

——马歇尔·萨林斯

　　马歇尔·萨林斯(Marshall Sahlins,1930—　　),最有影响力和创造力的美国人类学家之一,曾与新进化论者为伍,主张多线进化的观点,后投入结构人类学,尤其在结构、历史和实践关系的研究中做出了巨大贡献,著有《石器时代经济学》,为人类学提供了一个全面和富有理论冲击力的说明,后期的历史人类学著作集中考察文化接触的结构模式。

人类学有五花八门的学科定义，它内部的不同学派有不同的主张，人类学家们所做的学问也各不相同。就创建现代人类学的那些前辈们来说吧，他们有的强调体会式的实地研究，有的倾向于对其他人类学家搜集的第一手资料进行综合分析。在英国社会人类学内部，曾有马林诺夫斯基和布朗之别，前者注重民族志，后者注重比较社会研究。法国早期的人类学，更多地关注综合式的探讨，其中莫斯的《礼物》就是一个例子，而葛兰言虽然到中国做过调查，但其间将更多精力花在古史研究上，他努力的目标，是在中国文明史的基础上提出一种一般的社会理论。美国的人类学家更多地综合了民族志和文化论述的两面，既从事实地研究，又要在一般意义上谈论文化。即使对于从事实地研究的人类学家个人来说，研究的面也不一定一样，有的限定在一个小小的群体，小小的村庄，有的跑遍一个广阔的文化区域。

不过，一般印象中的人类学家，确实有点像是独行者，他像是孤独的旅行者,去到一个遥远的地方,经历不同文化给自己的磨难。所以,李亦园先生说了这么一段话:"人类学的研究工作有一大特色,那就是要到研究的地方去做深入的调查探索,无论是蛮荒异域还是穷乡僻壤都要住过一年半载,并美其名叫'参与观察'。"李先生说,人类学家的生涯,与孤独寂寞分不开,人类学家要备尝田野的孤独寂寞,是因为田野工作引起的文化冲击或文化震撼,"经常使你终身难忘,刻骨铭心"①。人类学家不仅要承受孤独寂寞和文化震撼,还会时不时陷入一种难以自拔的困境。马林诺夫斯基那本在田野中写下的《严格意义上的日记》,有这么一段话对自己的"迷糊状"做了生动的自白。这段简短的话,是马林诺夫斯基在生日时写的,笔调灰暗,在土著民族中做实地研究,过这样的生日,实在寂寞、无聊,令人困惑:

> 4月7日(1918年)。我的生日。我还是带着照相机工作,到夜幕降临,我简直已筋疲力尽。傍晚我与拉菲尔聊天,谈到特洛布里安德岛人的起源和图腾制度。值得一提的是,与拉菲尔这样的白人交往(他还算是有同情心的白人)……我困惑,我陷入到了那里的生活方式之中。所有一切都被阴影笼罩,我的思想不再有自己的特征了,与拉菲尔对话时,我的想法总要在价值观上发挥。所以,星期天的早上,我去四处走了走。到

---

① 李亦园:《人类的视野》,上海文艺出版社1996年版,第42—43页。

10 点才去土乌达瓦,给几条小船拍了几张照片……①

像马林诺夫斯基这样的人类学家,大凡都要经历冷酷的田野生活,他的日记给人以"羌笛何须怨杨柳,春风不度玉门关"之感。从一个角度看,他们成为人类学家,与他们遭受的磨难有直接的关系。马林诺夫斯基之所以是马林诺夫斯基,是因为他离开了家园,离开了波兰和英国,到蛮荒的特里布恩德岛;波亚士之所以是波亚士,是因为他离开了殖民开拓以后的美国,离开了都市生活,到印第安人的部落;费孝通之所以是费孝通,是因为他离开了家乡,离开了自己的学院,偕同妻子双双去了大瑶山……为什么这些人类学家非要这样实践他们的人生? 要把他们的青春耗费在遥远的穷乡僻壤? 马林诺夫斯基在自己的日记里,忠实地表达了作为一个平常人的困惑,他面对过的压抑、无聊、无所适从,也是其他人类学家面对过的。然而,从事实地研究的人类学家坚信,田野生涯里的种种忧郁,不是没有价值的,相反,它们正是特殊的人类学理解能力的发挥。

做一个人类学家,要培养一种"离我远去"的能力,到一个自己不习惯的地方,体会人的生活的面貌。所以,这里的"我"是"自己",但不单指个人,而指人生活在其中的"自己的文化"。人类学家不像心理分析家那样,用自我剖析来"推己及人";他们也不像哲学家那样,在自己的脑海里营造一个思想的建筑来代表整个世界。

---

① Bronislaw Malinowski. 1967. *A Diary in the Strict Sense of the term*. Athlone. pp. 244—245.

做一个人类学家,首先要学习离开自己的技艺,让自己的习惯和思想暂时退让给他对一个遥远的世界的期望。像李白说的,"五岳寻仙不辞远,一生好入名山游"。在别的世界里体验世界的意义,获得"我"的经验,是现代人类学的一般特征。

"离我远去"的技艺有多种。一些人类学家要求自己身心都要离开自己的文化一段时间,另一些人类学家则通过他人的间接描述来"神游"于另外一个世界。两种人类学家之间,时常有互相讥讽的习惯,譬如,马林诺夫斯基、米德时常讥笑布朗、莫斯、列维-斯特劳斯实地研究功底不深,而后者时常指责前者缺乏理论洞见。人类学家时常忘记了自己是同类。作为集体的人类学家共同体,区别于其他思考者的特征,正是一种文化精神意义上——而不单是个体肉身意义上——的"离我远去"。不是说人类学家要抛弃自我,成为疯子,而只是说人类学家的"自我"表达的是一种"非我"的艺术,这种艺术使人类学家获得了与其他学者不同的经验,使人类学家能够比较"移情"地觉悟到自己的文化的局限性。

人类学家离开自我的途径,有的是时间的隧道,有的是空间的距离。他们去的时间,是已经流逝的过去;他们去的空间,是一个"非我"的世界。"离我远去"的艺术,是一种思想的生活。因而,人类学家不以肉身的离去为目的,他们带着自己的心灵,超越自己的文化,领略人如何可以是人同时又那么不一样。人类学家不一定要追求对遥远的文化的求索,不少人类学家也从事本土文化的研究。在本土研究中,"离我远去"的意思,转化为与自己社会中司空见惯的生活方式形成的暂时陌生感,转化为一种第三者的眼光,它让我们能站在"客人"的角度来对待"主人"——我们本身。在这样的情形下,人类学家的肉身没有被自己搬运到别的世界中去,但他们的心灵却必须在一个远方寻找自我反观的目光,在一个想象或实在异域中寻找他者相对于"我"的意义。

人类学产生于近代,它的"我"与近代这个时间观念,也就形成了直接的关系。近代以来,人类学家要培养的那种"离我远去"的习惯,针对的是我们今天生活在其中的现代性。他们希望从被观察的边缘人群的"当地观点"出发,来展示众多与近代的世界不同的小小世界,体会这些"小传统"的力量,从而反观逐步渗透到整个世界的"大传统"——现代观念体系。我们将这里追求的东西叫作"文化的互为主体性",意思是说,人类学这门学科注重的正是奠定文化之间相互交流、相互认识以及"和而不同"地相处的知识基础。作为"文化互为主体性"的"他者",通常指的是本民族以外、现代生活以外的各民族文化,而现代西方人类学的本质特征,表现在逐步得到认同的文化上非自我的、以他者为中心的世界观之上。

1 从民族中心到现代中心

要了解人类学,首先要了解人类学的精神实质。什么是人类学的精神实质呢?我说,它就是这门学科要求做到的"离去之感",而

"离去之感"的发生过程,就是祛除民族中心主义世界观的过程。人类学家认为,他们的思想敌人,是民族中心主义,他们的理想是要在文化的"我"和"他"之间搭起一座桥梁。什么是民族中心主义呢?民族中心主义这个词汇,听起来有点像一种系统的观念体系,其实它时常弥散在人们的日常生活之中,成为不同群体的自我意识的组成部分。**民族中心主义**是"ethno-centrism"的中译,所谓"ethno-centrism"指的就是把本民族的文化价值当成全人类的价值、把本民族的精神当成全人类的精神、将自己的文化视为世界文明的最高成就的那种心态。民族中心主义有时与民族的自尊心结合,但两者有根本的价值论差异。民族的自尊心对于很多民族来说可以理解、可以弘扬。但民族中心主义指的不是民族的自尊心,而是一种将自己的价值强加在别人身上的观念形态。这种观念形态对别人的生活方式存在如此根深蒂固的偏见,以至于忘记了其他民族的生活方式有自己的存在理由,或忘记了"我们都是人"这个简单的道理。

民族中心主义分为小民族中心主义和大民族中心主义。一如古人说的"夜郎自大",小民族中心主义是一种由"坐井观天"的狭隘心态演化出来的观念,大抵是那些弱小民族群体应对外来压力的文化手段,是弱小民族求生存的微弱声音,而大民族中心主义则是以强欺弱的心态和行动。历史上,大民族中心主义就已广泛存在。如中国历史上,我们曾以文明的中国和"野蛮"民族的区分为观念前提,维持"我"民族的尊贵地位,并以此来排斥"他"民族的文化。在世界其他地区,某些宗教长期维持一种"惟我独尊"的心态,对其他信仰嗤之以鼻,甚至采用暴力手段对信仰其他宗教的民族加以征服。到今天,诸如此类的大民族中心主义还没有消失。当一个强势民族推崇这种观念形态的时候,它的危害性变得越加严重,依然可能导致毁灭性后果。

在近代以来的世界中,什么是最严重的民族中心主义?对于我们这个时代来说,最严重的民族中心主义,不幸与我们希望达到的"发达目标"构成了难以切割的关系,这种新式的民族中心主义,就是被逐步衍生出来的**"现代中心主义"**(modern-centrism),它是我们今天生活的世界的最大问题之一。我们知道,"现代性"(modernity)这个概念,原来也是起源于西方民族中心主义的,它表达了欧洲近代以来逐步形成的对自己的近代文化的推崇,它的根源与进化的文化观一致。现代性将欧洲近代史当成是世界史的总体未来,将现代国家的预期混同为社会的现实,相信其他不同的文化传统只有接受或接近这种新的政治方式之后,才能够拥有"适者生存"的能力。因而,"现代中心主义"的基本主张,就是与传统的决裂,就是将人从原有的生活方式、社会组织、经济、信仰与仪式中"解放出来",成为国家机器的螺丝钉。这些变化带有深刻的地方差异性和历史复杂性。但是,作为一种观念形态的现代性,却相信这几个方面的变化已经成为事实,或者注定成为事实。因而,现代性的另一层意思,指的就是对上述几个方面的文化变迁的想象、预期及信仰。

现代性的观念与历史,基本上是在近代欧洲经验中总结出来的,因而通常有着明显的西方痕迹。不过,作为观念形态的现代性,与历史上其他类型的民族中心主义有着鲜明的差异,它已经深潜于人的日常生活中,成为一种"生活的政治",影响着世界上各地方的人们对于自身生活轨迹的设计与预期,使他们不再区分"神圣性"与"世俗性",相信生活的改造就是历史的神圣使命本身。现代性成为一种生存于现代场景中的人的一种潜移默化的观念力量,以形形色色的变相形式,影响着我们生活的方方面面,甚至影响着学者的思考和实践。产生于近代西方的社会科学诸学科,部分反映了近代西方中心的民族国家体系的部门化。以现代性来理解学科的这种历史特殊性,我们同样也可以说,社会科学学科的划分,与人们预期中的变迁的几个方面,基本上形成了某种对应关系,如教育学对应着新的人的社会再生产模式,社会学对应着现代民族国家的社会制度,经济学对应着现代市场交换体制,政治学对应着现代民族国家的"公民观",而对应着现代信仰体系的,是更广泛而综合的现代观念文化制作体系(甚至包括社会科学本身)。

对人类学有所了解的人会知道,人类学这门学科与其他社会科学学科之间,存在着一个重要的区别:其他社会科学学科,更关心怎样建设现代性,怎样实现现代性的历史转型,而人类学则纠缠于"传统"之中,对于在"现代"这个历史时段中生存的那些"非主流"的"落后民族""落后文化"十分关注。似乎人类学家是一群"好发好古之心"的人,他们与其他社会科学家一样,从事着思想的各种实验,但他们的兴趣不是作为目的论的"现代",而是作为"现代"的反面镜子的"过去",或者在"现代"的内部寻找它的历史反讽。如此一来,人类学家的形象,通常便有些古怪。社会学家到了不久前才开始系统地反思现代性,而现代人类学开始就带着这样的关怀。现代人类学的学问,也属于现代智慧的一种,但是却与现代精神"格格不入"。人类学这门学科追求一种反思,它企求获得一种特别的历史深度和一种相对的文化立场,来理解人类生活的不同可能性,企求在这种理解当中揭示我们这个时代的问题。

2　奇异的生活方式

在我们这个时代,"摩登"(即"现代"的另一个译法)这个概念,已经渗透到人们的日常生活中,成为人的社会的追求。"摩登"有的时候指的是生活的一种新格调,代表我们这个时代衣、食、住、行的时尚。这种时尚追求的是个人的自由选择,给人的感觉好像是我们在自由地对穿什么、吃什么、住什么、如何旅行做出独特的选择,或者反过来说好像是经济的生产在为我们的这些选择提供各种资源。其实,我们很少人能够抵御选择的社会性,我们今天的衣、食、住、行,基本的选择理性来自于"摩登"所代表的方便与格调,它的背后时常隐藏着日常生活中的价值判断,与现代社会的大众文化与阶级划分有着密切关系。

有社会学家告诉我们,我们今天追求的"摩登",在欧洲的历史上曾经是先在宫廷里出现,后在社会中被广泛模仿的生活艺术。

"摩登"的历史,给"摩登"自己一个反讽。"摩登"的含义中最主要的是现代性和市民性,但它的根源却是中世纪末、近代初期欧洲宫廷文化转型导致的后果。更成问题的是,很多人将"摩登"当成人类文明的最高成就,以为这样一种新的生活方式才是"文明",才是人之区别于非人的界线,才是人最后获得自身自由的标志。岂不知,如果这种生活方式已经存在了三百年的话,那么,它在人类的历史上也只占了短暂的一瞬间。我们今天穿着西式的服装,吃着各种加工精美以至人造的食品,住着高楼,坐着越来越快速的旅行工具,好像这些东西天然的是我们人类应有的基本生活需要。我们几乎忘记了在人类上百万年的历史中,老祖宗们是怎样生活的,几乎忘记了在我们的时间和空间以外,人是怎样生活的。人类学家不认为不知道历史和另类生活方式是什么过错,但他们坚信对人的生活方式的历史和多种可能性的研究,对于我们理解人自身有着深刻的意义。他们的眼光超越了"摩登时代",他们更为关注的是现代以前的各种形态,包括衣、食、住、行的历史与跨文化比较。

拿服装来说,人类学家并不只关心服装,他们不但研究服装,还研究首饰、文身等原始的"服饰"。人类学家研究的民族服饰,具体的例子我在这里无法一一列举,我只能说,服饰研究的成果说明,在人类的历史上,在许多民族当中,服饰不简单是个人选择与市场经济之间互动的结果,而且也是承载着各民族文化的意义体系。在很多民族当中,即使是最简单的首饰与文身,也都具有丰富的文化意义。服饰不是简单的"物质生活"方式,特定的服饰代表着特定的性别、年龄、社会地位、人群划分、民族性,而这些社会的区分,与一个民族的特定文化传统有着密切的关系。例如,一个部落的酋长,他的服饰一定与一般的部落平民不同;一个小孩在成丁的时候,往往要在身体上刻画特殊的文样;一个巫师在举行仪式的时候,往往穿戴不同的首饰;一个妇女在出嫁时,要有特殊的穿戴……

现代人会以为,上述种种现象都表现了人的不自由。但是,人类学家的研究却从一个侧面说明,我们今天的"摩登",或许也包含着同样的文化意义。比如说,你敢穿着一套古代皇帝的衣服在旅游景点照相,却不一定敢穿着它去上街买菜。你能拒绝过去遗留下来的服装,却不能拒绝在特殊的礼仪场合也要表演性的粉墨登场。种种事实说明,生活在"摩登时代"的人,对于服饰也有着它的特别规定。人类学家从"原始民族"服饰的研究得出的结论,对于我们今天也不是不适用。试想一下,我们今天的服饰能够真的不考虑性别、年龄、社会地位、人群划分吗?随着现代性的全球化传播,大都市的服饰民族性可能不再重要,但其他方面的因素还是有影响的。

再说吃的吧,我们今天总以为食品自然是人生产出来的,我们已经忘记,像我们今天这样生产食品,历史并不长。在人类学中,一个基本的常识是,在人类数百万年的历史中,"食品生产时代"也只有一万五千年,仅仅占人类历史的一个很短暂的一瞬间。在漫长时间里,人类靠狩猎、捕鱼和采集野果生活,他们不生产食品,吃的东西取自大自然的赐予。即使是在"食品生产时代",生产的方式也经历了很多变化,分成刀耕火种、游牧、畜牧业、农业等,固定的农业社会也是比较晚近的成就。

有些人类学家关注不同食品获得模式的比较研究,但现在越来越多人类学家转向研究食品的社会意义与文化史。关于吃饭的社会意义,我们中国人是比较容易理解到的。在正式的场合吃饭,我们是要依据社会地位、年龄、性别来排座次的。即使是民间宴会,诸如此类的安排也很被看重。我们宴请别人的时候,讲究的不但是食品够不够满足我们肚子的需要,还要考虑"人情"和"面子"的因素。在一些部落社会中,在分食动物时,社会地位也很重要。宰杀动物以前要祭祀,祭祀以后将动物仔细分成不同的块头,依据社会地位的高低来分食。食品和饮料的跨文化传播,现在也引起了一些人类学家的兴趣。在今天的北京、上海等都市里,有许多咖啡店。到那里喝咖啡的人,总觉得自己在享用一种西式的饮品。老一代的中国人可能觉得咖啡这种东西"上火",但年青一代却将它当成时尚。我们所不知道的是咖啡的历史。在历史上,西方人连咖啡是什么都不知道,是在近代接触到中南美洲以后才跟部落民族学习喝咖啡的。关于糖和茶叶的饮用历史,也是这样。人类学家西敏斯(Sydney Mintz)所著《甜蜜与权力》一书,描绘了西方人学习用糖的历史。① 我们中国人更了解茶叶的历史,西方人喝茶是从我们这里学去的,但现在有很多中国人误解英国立顿红茶是"洋人的发明"。

---

① Sidney Mintz. 1985. *Sweetness and Power: The Place of Sugar in Modern History.* Penguin Books, New York.

关于民居的历史与社会构成,人类学家也做了很多研究。我们今天住在高楼上,一栋楼住数十数百户人家,人口密集了,但家庭与家庭之间的关系却越发疏远,小家庭要直接面对外面的大社会。在人类历史的大部分时间里,人的居住建筑是有很多讲究的。"房屋就是世界"这句话是人类学家爱说的。怎么理解?意思就是说,在很漫长的历史中,我们人是通过建造自己的住处来营造我们的社会和世界观的。就拿我们中国传统民居来说吧,我们以往建造房屋要讲究风水,房屋入住以后要依据辈分来安排居住空间。整个房子被看成是"里",房子以外的世界被看成是"外","里外有别"有时指男女之别,有时指家与社会之别,有时被延伸来指"华夷之别"。从这样的社会逻辑推演下去,还可以理解古代城池、皇宫的建筑,使我们看到建筑与权力的世界观之间的密切关系。

"含脯而嘻,股腹而游。"这是我们古人形容原始人的一句话。这里的"游"字学问很大。是什么时候我们的老祖宗才开始学会用畜生来做交通工具的?是什么时候他们开始造车?是什么时候他们开始造船?等等。对于交通工具史的研究,行行有行行的专家。以往人类学家关心的大多是游牧民族的生活,对于"行"的历史与跨文化比较做得不是很多。然而,"行"的工具和路程不仅有技术逻辑,也有社会和文化的逻辑。例如,我们今天老坐飞机的一族,大概不能说是一般的农民,这一族能够跨越长远的空间距离,一定是有相应的社会地位。关于去哪里,也是可以深究的问题。我们的人身的移动,不简单是人身的移动,还受社会的时间和空间的安排。

例如，我们上班为什么用"上"字，"下班"为什么用"下"字，字里行间都隐约显示现代社会对于"班"（工作、劳作的时间和空间规定）的特殊重视，跟"上山下乡"含有的阶级划分意识有相近之处。还有旅游这一说。古代人说"父母在，不远游"，现在大家都要去旅游。这样的变化说明什么？这些都是值得我们追问的问题。

有人类学家说，人类学研究的是生活中"**暗含的意义**"（implicit meanings），也有人类学家说，人类学研究的是我们日常生活中的"常识"（common sense）。什么是"暗含的意义"呢？是从各种生活方式的研究中，从不同文化的衣、食、住、行的研究中揭示出来的，经常被我们这个时代淡化的不理性的东西。什么是"常识"呢？就是我们自己觉得很正常的东西它本来含有的"暗含的意义"。这些东西看起来不起眼，其实包含的内容很丰富，能使我们更清晰地认识到我们的时代的特殊性及其他时代、其他文化类型的可能性，也能使我们更深入地理解日常生活的社会意含与价值观。通过研究这些东西，人类学家为我们展示了一个缤纷的世界，让我们知道"摩登"的特殊时代性或文化局限性，对传播于世界的现代世界观提出敏锐的批判。

3 "田野"之所见

在观察不同文化中的生活方式时，人类学家采取的是一种朴实而现实的态度。人类学导师时常告诉学生说:人类学这门学科没有什么值得死记硬背的方程式,它有方法,但是没有方法论,方法就是一支笔、一个笔记本、一部照相机或摄影机,运用这个方法的人,要跑得越远越好。知道一点中国人类学史的人都能了解,中国老一辈人类学家李安宅去藏区,费孝通、王同惠去瑶山,林耀华去凉山,带着的东西很简单,去的地方很遥远。学习人类学,最主要的不是要背诵什么方法论的准则,而是要逐步形成一种洞察力,使自己能够在遥远的地方敏感观察各种文化中的生活方式及其暗含意义的重要性。

说人类学家追求一种朴实的研究方法,意思不是说我们不需要学习就能把握人类学的观察方法。在学科历史发展的过程中,人类学依据长期以来的积累,形成了某种观察、透视生活的方法,这些方法从不同的切入点出发,来达成一个共同的目的,来促使研究者更贴切地理解人的文化品质,它们衍生出四个主要研究领域,包括**亲属制度**(kinship)、**经济人类学**(economic anthropology)、**政治人类学**(political anthropology)和**宗教人类学**(religious anthropology)。这四大研究领域也是人类学家到一个社会去研究时关注的主要方面,对于它们的把握,被认为是人类学研究的基础。全面地说,这四大领域是很难加以人为区分的,人类学家认为一个社会、一种文化、一种生活方式,是这些方面的有机结合。因而,研究社会生活中的这些方面,应采取一种整体的观点,对不同方面之间的相互关系进行细致入微的观察。人类学家将这种整体的观点称为"整体论"(holism），"整体论"有时还强调必须考虑文化存在的生态因素及人与自然互动的具体模式。不过，其最主要的主张是人的社会性、经济性、政治性和宗教性之间不可分离的、非决定论的关系。什么是"非决定论的关系"？"非决定论的关系"指的是人类生活的这些方面或要素之间不可化约的关系，如社会性和宗教性不可化约为经济性和政治性的关系。

人类学主张的"文化互为主体性"观点在人类学的具体研究中占有重要地位。在很大程度上，一项具体的人类学研究无论集中考察社会生活的哪个方面，它带有的最高旨趣确实是促进这种文化互为主体的观点的生成，是"和而不同"的人文世界的展示，是对现代性的文化支配的反思。不过，人类学家同时主张，研究的旨趣本身不应被抽象地重复，要认识人文世界的丰富性和复杂性，我们需要深入地观察具体的人的生活，而要进行这种观察，人类学要求运用实地观察的第一手资料。在实地调查中，我们集中在一个地点住上一年以上的时间，把握当地年度周期中社会生活的基本过程，与当地人形成密切的关系，参与他们的家庭和社会活动，从中了解他们的社会关系、交换活动、地方政治和宗教仪式。人类学家称这一基本的工作为"田野工作"（fieldwork），称"田野工作"的基本内容为"参与观察"（participant observation）。在"田野工作"之后，人类学家依据他们所获得的社会知识写成专著或报告，可以集中考察当地社会的某一方面，也可以整体表现这个地方的社会风貌，总的做法还是整体论的。人类学家把这种基于社会文化整体的观点写成的专著或报告称作"民族志"（ethnography）。这个概念中的"民族"（ethno）包含的原意，就是基于当地意识的基础构成的文化整体观，著名人类学家格尔兹（Clifford Geertz）将它的精神实质总结为"地方性知识"（local knowledge），"地方性知识"指的就是社会生活中可观察和不可观察的方方面面构成的伦理、价值、世界观及行动的文化体系。①

随着人类学的适应和发展，也有不少人类学家依据他人搜集的资料、口头传说和历史文献来进行更宏观的研究。从事历史人类学（historical anthropology）研究的，或追踪个别事物、个别制度、个别象征的历史演变和文化结构的关系，或深入一个地点（村庄、城市或区域），对它的历史命运加以探索，或集中在历史的某一时刻，对那个特定时间段上发生的事件进行深入的文化解释。在这些不同的情景中，人类学家不能直接地与人对话，不能直接地观察人的活动，但他们能从不同的记述中展开"文献里的田野工作"，在心灵上与"死人对话"。在这种特殊的对话中，"离我远去"和整体的观点依然是理解的技艺。

---

① Clifford Geertz. 1983. *Local Knowledge*. New York：Basic Books.

迈进人文世界

对于不同文化的研究对当今的思想言行还有另一种重要影响。现代生活已把多种文明置于密切的关联之中，而与此同时对这一境况的绝大多数反映却是民族主义的和带有种族上的好恶的。因而，文明从未像现在这样迫切需要一批这样的个体，他们具有真正的文化意识，从而能够客观地，毫无畏惧地，从不以反唇相讥的态度看待别的部族之受社会调节与制约的行为。

——露西·本尼迪克特

　　露西·本尼迪克特(Ruth Benedict, 1887—1948),世界人类学中最著名的女人类学家之一,其《文化模式》叙述了文化的不同选择之路,明确地阐明了人类学的目的在于理解他人的文化。

　　依据整体论的观点展开的对于人的社会性、经济性、政治性和宗教性的研究，到底告诉了我们什么？人类学家的答案经常是：人的这些方面相互之间不可分割，可是，在理解人的时候，我们却有必要从个别的局部来透视整体。

1　亲属组成的社会

　　去实地考察的人类学家，要经历艰难的路途，到他想考察的地方后，又要与当地人吃一样的东西，住一样的房子，甚至穿戴也要相近。按说人类学家对衣、食、住、行的那套文化特性，应当是最为了解的。但作为社会研究者，他们的兴趣首先是了解他研究的那个地方社会的构成。在现代人类学起步的阶段，"社会"的观念正在与国家的观念重合，它的空间范畴与国家失去了相互区别的界限。随着现代性的全球传播，"社会"又与那些本来跨社会的网络联系起来,指超越地方的人的结合。人类学家研究社会采取的是一种不同的态度,他们朴实地"停留于"那些原生的纽带,从人与人之间的具体关系来理解社会,解释我们时常混淆的"组织"概念。亲属制度的研究,是人类学对人际关系的核心观察。

亲属制度是人类史上最古老的文化遗产。曾有人类学家说,人的社会首先是根据人和他人之间的两性关系和血缘关系的远近来构成的,根据地缘关系来构成的区域性社会,是后来的产物,而我们今天经常面对的以国家的组织为核心的社会形态,它的历史只有五千年左右。时间顺序的排列,让人想起社会进化论有关社会形态演变的观点,它告诉我们的是:随着人类社会的"进化",构成社会的基础,越来越丧失它与天然的血缘关系的联系。不过,在人类学家看来,重要的问题可能不是社会进化的历史,而是一个值得我们深思的比较:在无国家的社会中,血亲—姻亲和地缘关系起着组织社会的重要作用;随着国家的兴起,这些关系被纳入到法权和礼仪的体系中,成为正式的社会规范和所有权关系的组成部分。研究亲属制度,对于理解社会的基本形态,对于洞察国家时代制度的历史性,有着重要的意义。

在我们这个时代,除了信奉伊斯兰教的地区以外,在一夫一妻制基础上组合起来的核心家庭(nuclear family)已成为普遍的婚姻制度,它表面是在个人选择自由基础上构成的社会基本单位,实际上与整个现代社会的法权制度密切联系在一起。人类学研究告诉我们,我们今天实践的这种以核心家庭为中心的亲属制度,曾经是世界上最不具有普遍意义的东西。在 1949 年以前,中国部分实践一夫多妻的制度,这种制度曾与在中国宣扬一夫一妻制的基督教势力构成矛盾,接着受近代文化精英和国家的排斥。这个本应是常识的事例,现在已经被我们淡忘。其实,它能说明,从历史的观点看,我们当前坚信的很多东西,无非是相对于我们现代社会的构成原则才是合理的。人类学研究这种相对性,不是要提倡不同于现代国家指定的婚姻制度,而只是要通过认识这种传统制度的内在规则,来展示社会组织的其他可能形式。

以亲属制度来自发地组织社会,是很多非西方、非现代社会的基本特征。亲属制度的多样性和文化差异,一般从亲属称谓和两性居住形式来理解。现代社会中,亲属称谓是由核心家庭中父母、子女这些基本类别推衍出来的,我们根据婚姻、血缘和代际关系来称呼不同的人,通常使用的名称都十分明确而具体。可是,在很多地方,亲属称谓与我们想当然中的很不一样。例如,在土著夏威夷人的称谓制度中,同代、同性别的人共用一个称谓,没有我们那么多仔细的区分。福建惠安县,现在还存在一种对父亲和父亲的兄弟同用一种称谓——叔叔——的做法。诸如此类的例子很多,类型也十分多样。人类学家认为,亲属称谓的差别不简单是称谓本身造成的,而与一个社会、一个地方的特殊社会构成和身份认同方式有密切关系。例如,夏威夷制的称谓之所以只区分性别,不区分辈分,是因为采用这种称谓制度的土著人运用的是一种男女双方同时继承财产和地位的"两可继嗣制度"。人类学一般用"△"符号来表示男性,

"○"符号来表示女性,用直线"—"或虚线"---"来表示不同人之间的亲属关系,再注出不同的称谓。至于居住形式,也是形形色色的。我们不要以为所有的人类家庭都一定是"从夫居"(结婚后女方迁居到丈夫家里)方式,在很多社会中,有"从母居"(结婚后男方迁居到妻子家里)方式。家的居住方式,同样与一个社会的继承制度和性别关系模式有关。

如何解释我们看到的不同亲属制度?历史上的人类学家提出了各种说法。这方面早期的权威是我们比较熟悉的美国人类学家摩尔根,他认为亲属称谓和社会制度是对应的,社会是变化的,对应关系也是变化的,越是"乱"的关系就越原始,核心家庭是最晚近的,秩序最严谨的。为了描述这个过程,他综合了世界民族志的资料,根据进化论的观点划分了亲属制度和社会结构演变的各个时期。后来的亲属制度研究,已经抛弃了进化论的观点,采用了两种新的解释模式。其中,第一种是以英国人类学为特征的"**继嗣理论**"(descent theory),来自非洲和中国,看的是亲属制度的纵向关系,即老一辈和后代的关系。这种纵向的关系一般与房子、土地及女人等都有关系,因而难以摆脱与地缘关系的结合。可以想象有这么一部中国族谱,族谱上说一家人有一个老祖宗,娶了一个天津的太太,他的儿子们,有一个去了新疆,剩下的住在河北,在河北的那个儿子从赵县娶了太太,生了一个儿子和一个女儿,女儿嫁到河南,儿子留在河北,继承了家庭拥有的土地和房屋。这样再传宗接代下去,土地也要一点点细分,到现在每个人只有零点几亩。这样在家族的继嗣过程中,就体现了一个社会空间的安排问题。这样看族谱,就可以看出产权继承的关系,倒追到历史上,也可以知道为什么家族里的人都要住在一块或分成不同的家。

第二种理论叫"**交换理论**"(exchange theory),它看的不是在继嗣理论中看到的由祖先和后代构成的社会空间共同体,而是从两性之间的社会交往关系出发,来看不同群体、不同地方之间的连接点。这个理论的代表是法国的结构主义者。在法国人类学中,通婚一直占重要地位。我在谈到现代人类学时,提到莫斯和葛兰言对法国学派的贡献,这个贡献的核心内容是指出以社会性别为中心的交往是社会构成的主要机制。结构人类学大师列维-斯特劳斯进一步将这个传统延伸到整个亲属制度、神话和宇宙论的研究,强调了不同群体之间两性的交往对于超地方社会形成的重要意义。亲属制度的交换理论,就是从这样一个看似简单的两性交往观点推衍出来的。

交换理论听起来有点复杂,其实我们如果关注一点民间社会,就比较容易理解。在中国的农村,传统的通婚模式,与我们现代流行的自由恋爱有很大区别,媒妁之约是它的主要特征。考察经过安排的婚姻的社会空间氛围,一定能看到,民间传统中的通婚是有一定的地理圈子的,我们姑且将这种圈子称作"通婚圈"。"通婚圈"是什么? 它代表的是一个村子与其他村子之间经由男女的通婚安排形成的交换关系。有的村子与其他一些村子形成比较固定的通婚关系,这种关系随着时间的推移相对固定化。在这一相对固定化的通婚圈基础上形成的一个区域,在结构人类学中备受重视,被认为是社会纽带形成的基本空间。交换理论注意到了不同交换模式对于区域社会形成的不同作用,它也注意到了交换的等级性。在现实社会中,通婚不仅对不同群体、不同地方之间对等关系的形成有帮助,而且也可能带有等级色彩。比如说,我注意到,以往农村的妇女远嫁他乡的,大体说来有两种情况,一种是家里很富有,能从乡下到城里"高攀"贵族子弟;另一种是家里很贫穷,在当地很难找到"门当户对"的对象,只有远离乡土。

最近人类学对亲属制度研究产生了反思。有人说,亲属制度这个概念是西方人发明出来描述非西方人的手法,它本质上反映的还是西方社会中的继承和分配的观点。对亲属制度研究进行总体清算之后,人类学家发现里面充斥的都是欧美本身的道德、伦理法权观念。人类学家于是要求自己研究当地人怎么表述亲属制度。比如说,"通婚圈"这个概念可能就是我们强加给当地人的,而重要的是要让当地人说话,以便知道他们自己怎么想。这样一来,人类学产生了亲属制度研究的第三种方法——本土观念的研究方法。

怎么理解亲属制度的本土观念?格尔兹在一篇论文中说,重要的是要理解当地人怎样看待"人"。在他研究的巴厘岛人当中,"人"的观念没有脱离"人"存在的社会当中的辈分、地位、性别,而对于这些区分,巴厘岛人自己有很多说法,这些说法与他们描述人的年龄、社会活动的季节性节奏及性别的性情差异有密切的关系,它们相互糅合,构成了一种看待人和社会的观念体系。① 研究这种观念体系,对于人类学的理解来说,意义十分重大。我们可以举中国人"家"的观念来进行简要说明。"家"这个概念,通常被翻译成"family"。其实,这个概念带有的意思比"family"这个词要复杂。西方的"family"原来指的是财产的共同体,而我们说到"家"的时候,不是简单地在说家,时常还要将它与别的东西联系起来。比如,我们谈"家"和"离家"时,会联想到"忠孝不能两全"这一说。什么是"忠"?什么是"孝"?前者指的是对国家承担的义务,后者指对家庭和长辈的孝顺。我们说的"国家"这个概念,现在都用来翻译西文"state",其实两者有很大不同。西方的"state"(国家),指的是空间上汇集了很多力量的点,这些点又具有覆盖其他地方的力量。我们的"国家"观念,其中包含"家"字,大抵是因为我们中国人不愿意对亲属关系和法权关系做明确的区分。除了汉族的家族以外,在很多其他民族中,家的制度同样也是结合了其他制度的复合体。根据林耀华的研究,五十多年以前,在凉山的彝族当中,阶级和等级制度与家支制度密切联合,成为一种难以切割的体系。由家族、氏族关系延伸出来的家支,既是血统制度,也是政治统治的制度。这个社会中,虽没有正式的国家,但家支起的作用与国家难以区分,它也是一种政治权力和权威体系。②

① 格尔兹:《文化的解释》,纳日碧力戈等译,上海人民出版社1999年版,第415—470页。

② 林耀华:《凉山彝家的巨变》,商务印书馆1995年版。

2 互惠、分配与交换

人类学家常说,亲属制度研究是人类学研究的基本功。这是为什么呢? 我个人认为,这是因为人类学家从亲属制度的研究中提炼出了可供洞察人和社会其他层次的看法。在《生育制度》这本书里[①],费孝通曾说亲属制度研究要同时关注"亲子关系三角"的两条轴线——婚姻结合的两性关系轴线和家族繁衍的代际相传的轴线。这两条轴线就是交换理论和继嗣理论分别关系的,一种横向地看家与家、群体与群体、地方与地方通过两性的交往形成的关系,另一种是一个纵向的,看的是人和家庭自身的再生产和历史绵延。不同文化当中,对"亲子关系三角"理解有所不同,这构成了一系列值得比较的社会观念形态。

在一定意义上,经济人类学的研究关心的也是这些问题。经济人类学研究的主要内容包括三项:(1) 生产方式的类型;(2) 交换的类型;(3) 不同文化对"经济"的不同看法。与亲属制度不同的是,在经济的范畴中,生产、交换和受人们关注的东西,不是人自身,而是物质生活。因而,经济人类学这三个方面的研究,也可以说是对物质生活的再生产、对物质交换、对物质性的文化观念的研究。

---

① 费孝通:《生育制度》,天津人民出版社 1981 年版。

不过，大多数人类学家反对庸俗的唯物主义，他们认为，经济的现象也是文化的现象，是人的关系的反映，因而，在考察经济现象时，不能简单地关注物质，而应关注物质的人格色彩，关注物质的文化意义。

对于狩猎—采集民族的研究告诉我们，在人类历史当中，劳动在漫长的时期里，曾经不体现为生产，而体现为攫取自然界的赐予。狩猎动物、捕捉鱼类、采集果实，供养了人类二百多万年。生产力和生产关系的概念，针对的因而是食物生产社会（如农业社会）产生以后的时代，对此前的任何时代都不适用。狩猎—采集民族，在人类学当中占有特殊的重要地位，因为这些民族的文化与我们现代社会的"产业文化"构成了最为鲜明的对照，提供了在对比当中反省自身的案例。不过，这并不是说，人类学家停留在研究考古学意义上的石器时代，也不是说，人类学家只关注历史上残存下来的几个微小的狩猎—采集民族。事实上，接受现代社会理论影响的一大批人类学家对于生产的各种形态也很关注。

关注生产方式的人类学家，或多或少受到马克思主义的影响，他们强调原始、奴隶、封建、亚细亚、资本主义等生产方式类型的划分，从所有制的角度来展开跨文化的比较。在这些人类学家看来，所有制是决定文化形态的基础，生产方式中的所有制决定一个社会如何构成，进而决定作为意识形态的文化的构成。在对不同类型的生产方式进行比较的时候，这些人类学家采取的大体上还是进化论时代原始共有向资本主义私有逐步演化的框架。其中的例外，可能是亚细亚生产方式。马克思本人在考察这种生产方式的时候,就已强调了这种生产方式的特殊性,认为它不简单是一种"封建制度",而是综合了不同时期、不同类型的特征,总体形成"朝贡式"的剥削关系。这种剥削关系以政权直接介入经济为特征,同时在意识形态上表现了某种对现实社会的特殊扭曲,在宇宙观和政治观念上强调等级性。在这样的社会里,社会劳动是通过权力和支配的运行来实现其改造自然的作用的。

透视生产方式中的财富积聚类型,使我们从纵向看到不同社会传承不同的社会劳动的不同方式;考察交换的不同情况,则使我们从横向看到人与人之间通过物品的流动构成的不同关系模式。根据波拉尼(Karl Polanyi)的概括,人类的交换可以分为三种类型:(1)互惠;(2)再分配;(3)市场交换。交换的研究,强调的不是孤立的财富积聚类型,而是试图通过考察经济体的社会统合关系来分析不同形式的整合(integration)之间的差异。在波拉尼看来,从经验来看,互惠、再分配及市场交换就是诸多形式的整合的三种主要方式。那么,这些方式分别是什么样的?波拉尼概括说,**互惠**指的是对称群组中的关联点(correlative points)之间的运动;**再分配**指的是一种中心与边缘之间的向心和离心的运动;**交换**严格意义上指市场中"手"与"手"之间的相互运动。①

---

① 波拉尼:《市场模式的演化》,渠敬东译,载许宝强、渠敬东编:《反市场的资本主义》,中央编译出版社 2001 年版,第41—48 页。

怎样理解这些抽象的定义呢？深究波拉尼的论述，我们可以发现，他这里说的三种"交换形态"分别与原始的等值交换、亚细亚生产方式中的"朝贡"及资本主义市场经济对应。互惠的现象早在马林诺夫斯基和莫斯的著作中就备受关注，这种交换——权且称之为交换——的基本特征，就是一种人与人之间相互的"总体赠予"，交换的目的在于人与人之间的情感和关系本身，过程体现为一种相互认定的平等授惠和受惠。我们民间的互助、送礼、人情这些现象，就具有很浓厚的互惠色彩。再分配与亚细亚生产方式的特征一样，权力的中心与边缘之间形成经济上的不平等关系，由中心抽取社会劳动的成果，实现一种物品的"向心式流动"，然而由中心向分散于社会中的不同群体重新分配资源，实现一种物品的"离心式流动"，即财富依据权力机构进行的重新配置。真正的市场交换，一般根据固定的比率和商定的比率在自主的市场上展开，这里是需求群体和供给群体之间进行的货品配置运动，决定这一运动的是商品价格，而并非是个人、群体的传统纽带，也不是权力的行政配置。

互惠、再分配、市场交换，是经济人类学分析中运用的"理想型"，在很多实际的情景里，这些东西形成相互糅合、难以区分的整体。比如，人们常说，中国是一个多种所有制并存的国家。在我们这个社会中，互惠、再分配和市场都能看到，甚至可能并存于同一件事情中。试想一下一栋商品楼包含着的那些东西。在它建成以前，开发商要通过"门道"寻求熟人的帮助，获得开发权，开发权获得的过程中，要交纳各种政府机关收取的费用。土地的所有权更是问题,国家规定所有土地国有,国有土地是可以分配而不可以交换的,可是占有土地的百姓又可以依据一定的"价格"来获得征收土地的赔偿。大楼建成以后,要出售了,产权只能算上几十年,购买者买到的是不完整的商品;买来以后房屋的装修还可能要靠熟人来寻找合适的装修公司;装修完后要分配房间,家庭内部的关系也要考虑在内;乔迁的那天,来的客人与自己必然曾经有过人情互惠的关系。

经济生活的中国特色,值得更多的人来研究。这样一种"特色"挑战了任何类型学的理论,同时挑战了"经济"这个概念本身。"经济"是我们都熟悉的一个词,大家都知道它在英语中叫"economy"或"economics"。"经济"总让人想起"利益最大化"(maximization of interest)这个概念。我们古代的经济,叫"盐铁论",实际上是为了朝廷平衡人际关系,是再分配的问题,而不简单是财富的积聚的问题,更不是挣钱的问题。现在带着市场交换观念的人被叫作有头脑的理性人(rational man),钱成为我们这个社会衡量人的标准。

从一定角度看,经济人类学研究的,就是相对传统的"经文济世"的观念和实践,人类学家通过这样的研究来给当今意义上的市场下定义,进而反观现代经济生活的问题。怎样实现这种经济人类学的对照与反观的作用?人类学内部见仁见智,形成两种论述,分为形式论(formalism)和实质论(substantialism)两个阵营。采取形式论的经济人类学家认为,有文化传统的社会之间表现出来的经济差别,仅仅是形式上的,我们可以用普遍的原则在文化的下面找到共通的经济基础。实质论者则认为,我们从文化的角度看经济,看到的那些差别是具有实质意义的。形式论和实质论的争论焦点，集中在经济到底怎样理解这个问题上。实质论者认为，实质性的经济活动与人类生活的各种方式、制度和文化不可分割，无法用市场或价格的观点来解释。形式论的主张则强调通过"自我调节的市场"来理解经济，忽略制度和文化的因素。怎么理解它们的差异呢？比如，有一个人看上去很傻，形式论者会说他是"大智若愚"，愚蠢是理智的表现，他骨子里还是懂得斤斤计较的；实质论者则可能像孔夫子那样真的将傻当成一种具有实质意义的道德情操。更实在的例子是，形式论者就认为，资本主义的"慈善"是骗人的，只有"剥削"两个字才是真实的，医生恨不得所有的人都生病，补鞋的恨不得所有的鞋都坏，当老师的恨不得所有的学生都无知。而像莫斯那样的实质论者则认为，"慈善"带有一种原始的"总体赠予"的因素，是互惠的表现。

　　实质论和形式论的争辩今天还在持续，但没有改变经济人类学的关注点。人类学是一门试图在日常生活中发现"地方性知识"并试图从这种知识中提炼出关于"人"的理论的学科。带有这样的特质的学科，一向给礼物馈赠现象予以密切关注。法国现代人类学的奠基人莫斯曾经总结世界各地的"礼物交换"，写出《礼物》，在书中莫斯指出礼物交换的魅力，在于这种特殊的行为具有现代社会少见的"人格互动"意义。我们今天在酒桌上，还能看到一些"哥儿们"举杯而曰："什么意思都在里头了……"这里的"意思"两字，说的就是广泛意义的礼物交换的特性。莫斯针对这种"意思"说，礼物交换是一种社会关系的意义体系,与注重利益获得的现代市场交换不同,礼物交换强调的是人与人之间"面子"的互惠性。

在实际社会生活的场景里,互惠通常可能包含表达性和工具性两种。例如,根据阎云翔的研究,在黑龙江省的下岬村,根据礼物馈赠的目的和社会关系的差异,存在"表达性的礼物"(被村民称为"随礼"),以交换本身为目的,反映了送礼人和受礼人之间长期形成的社会联系;也存在"工具性礼物"(被村民称为"送礼"),这是以期建立短期利益关系的做法。在这个小小的村庄里,"表达性礼物"馈赠,根据场合的不同包括了"仪式化"和"非仪式化"两类,其中是否设"礼单"和一次酒宴是两者之间区别的标志,而村民则以"大事"和"小情"区分。仪式化的交换一般会涉及较多的社会关系,它表现了一个家庭在关系网络上的力量和成就。家庭在这样的"随礼"花费中,大部分都用于仪式化交换。这说明"礼物的仪式性情境",对于村民们的社会生活有着至为重要的意义。但表达性礼物的馈赠,也有"非仪式性"的案例,这种不怎么隆重的礼物交换,是村民日常生活的组成部分,起着维持乡土社会网络的作用,被人们当成联络感情的一般手段。工具性送礼分为间接付酬、溜须(巴结性礼物)和上油(润滑作用的礼物)。其中,"间接付酬"是在获得关系网络的"局外人"的帮助后,通过送礼的方式来回报人情,它有潜力成为长期性社会关系,也可能向表达性礼物馈赠转换。"溜须"发生在上级与从属者之间,交换的目的是私利性的。而"上油"则是我们一般理解中的"走后门"和"贿赂",当地人将它当成是"一锤子买卖",一般也只在本村以外的情景中发生。换言之,在自己的村庄内部进行礼物交换,人们常常会有某种"人情"的压力,而在自己社区之外进行工具性礼物馈赠,人们通常不存在这种社会心理压力。①

中国人礼物交换的复杂性,说明我们不能简单地像莫斯那样,将礼物归结为铁板一块的"理想类型",而应当看到礼物交换虽然通常带有莫斯所说的那种"总体赠予"和"人格交换"的特质,却也可能包含着实利交换的一面——也正是礼物交换的这一两面性,代表着中国人社会生活的基本面貌。中国社会是以私人伦理关系为本位的社会,人们秉承的是"特殊主义原则",他们根据具体情境来对自己提出不同的道德要求,因而在处理人际关系(包括礼物交换)时,也有着极大的变通空间。

20世纪以来,中国社会发生了巨大的变迁。随着社会主义制度的建立,民间礼物馈赠模式不断调整着自己适用的人情伦理,来适应国家新创的观念和制度。但是,值得注意的是,近三十年来,以"礼"为中心的文化再度成为我们实践的重要内容。我们今天的"请客送礼"自然而然地随着历史的变化而变化。但是,过去三十年中,"请客送礼"之风的重新出现,到底意味着什么?下岬村的例子说明,我们一度想用"同志关系"来取代"礼物关系",结果使新设

---

① 阎云翔:《礼物的流动——一个中国村庄中的互惠原则与社会网络》,李放春等译,上海人民出版社2000年版。

立的制度渗入到传统民间文化的"礼"当中,使民间的交往具有更多的"实利内容"和"等级关系"。80年代以来复兴中的"礼"所代表的文化,已经深受这种制度变迁的影响,也已经表现出与传统的"表达性馈赠"有所不同的特征。这也就是说,在研究礼物交换的同时,我们还要注意到具有社会主义特色的再分配制度的作用。当然,对于"礼"的意义的这种变化进行诠释,还有必要认识到一个更有历史深度的问题,即,"礼"其实是一个与中国"礼乐文明"关系密切的概念,它的历史谱系中,早已包括了"再分配式"的"朝贡制度",而这种朝贡制度本身也包含着"表达性"和"工具性"的双重性。人类学者基于当今田野调查得出的结论,与这一古老的制度有何种关系?我们常说的"礼仪之邦"与民间送礼行为之间的关系,到底是什么?这些是人类学家应进一步探讨的问题。

3 权力与权威

人类学家在研究人的社会性时,采取了跟其他社会科学家不同的方式,他们特别重视所谓的"非正式的制度"的研究。那么,什么是正式的呢?在一般的意义上就是说由国家,由一个专门的政权,来代表一种"官方的解释",来对制度提出一个官方认可或者推行的定位。在我们的日常生活中,与正式的制度相区别的非正式制度扮演着很关键的角色。比如说,在中国农村的一些地方,家族和村政府,分别代表非正式与正式的制度。村政府是正式的,是国家通过各种方式找出的当地头人来组成的。作为亲属制度之一种类型的家族,它的权威制度、经济和社会的各方面,在作为正式制度法律规范上都没有明文规定。经济也是相同。国家提出了经济政策,但生产、交换等方面的实践,却时常带有"上有政策,下有对策"的一面,甚至可能分离于政策及其执行机构之外。说到底,人类学的做法,大抵是将法权意义上的非正式的东西当成正儿八经的东西来研究。亲属制度的研究是这样,经济人类学研究是这样,政治人类学研究也是这样。

政治人类学在19世纪诸多有关社会形态演变和法权制度起源的论述中得到零星的论述。19世纪人类学对于政治制度的研究,值得我们去解读,它的基本做法就是将当时非西方的各种政治体制与西方社会内部的非正式制度进行类比,创造出一个阶段性的序列,将非西方各文化的政治面,当成西方政治体制的远古历史来研究。我们知道,人类学里头特别重要的有几种概念,一个是"**部落**"(tribe),一个是部落社会以前的"**氏族**"(clans),一个是再前面的"**游群**"(bands)。早期人类学家在做政治制度研究的时候,考虑的问题是历史上那些缺乏正式组织的社会怎样变成有严格组织的国家。我们可以说,政治人类学最早关注的问题,就是没有政府的社会怎么变成有政府的,即从游群开始,混乱的状态如何逐渐演变成国家。在中国的史书里,这种演变的系列是存在的。中国的历史和神话里面最传奇的故事,大致都发生在无国家向国家的过渡过程中。特别是在华北黄河沿岸，流行一种说法，说最早时候，伏羲和女娲作为兄妹结合并繁衍人类。伏羲就是羲皇，女娲就是娲皇。伏羲和女娲很可能代表了史前两个部落之间的联姻。"皇"字到了夏商周的时候突然成了正统的一个符号，代表"天神"的权威，不再代表部落的神性。到了秦始皇和汉武帝的时候，三皇五帝的说法被确定下来，将历史改造成了自己国家主权的象征体系。

在古典人类学时代，人类学家对于中国古史十分感兴趣，也依据进化论的观点解释上面的故事。到了 20 世纪上半叶，情况发生了根本的变化。我在前面提到，现代人类学确立以后，这种历史的、社会类型的比较方法受到人类学家自己的总体清算。现代派的人类学家在批评古典人类学的基础上形成了一种新的见解，认为人类学不能将非西方文化当成西方文化的"过去"，而应将它们看待成"同代人的文化"。这样一来，跨文化比较脱离了宏观人类史的制约，进入了一个追求反思的时代。从严格意义上讲，政治人类学的研究正是兴起于这样一个反思的时代。反思什么？人类学家反思的是近代以来西方国家体制的"进化"带来的许多问题，尤其是两次世界大战表现出来的国家中心主义和全权主义政治的问题。

两次世界大战的缘起，背景很复杂，但有一点是关键的，战争与维护民族国家内部一体化、维护法权制度的尊严有着至为密切的关系。经过近代的发展，西方人越来越相信确立一种规范的、超人的政治体制，对于人脱离其他人的支配十分重要。流行广泛的实利主义政治哲学，就主张确立一种严格的制度，使它正式化为抽象的"国家"，以此来减少人们的痛苦和增加他们的快乐。政治哲学所做的，除了考虑政治体制能达到人的快乐以外，更重要的是考虑民主这样一种政体如何在全世界推行。可是，民主怎样实现？很多政治理论家认为，首先要确立民族国家法权的制度，实现公民对于民族国家的认同，对暴力武器实行国家的垄断。我们通常将这个意义上的民主定义为**"政治的现代性"**（political modernity）。政治现代性到两次世界大战之间，发展到了一个高峰。可悲的是，它的三个主要因素，到希特勒时代完全背离了"人的快乐"的追求，法权、公民的社会动员和暴力的国家垄断，变成了战争和迫害的手段。在这样的情景下，人类学家研究的另类政治模式，与当时的欧洲强权政治形成了有趣的对比，政治人类学因此也备受关注。

政治人类学家关心的是那些缺乏中央集权制度的社会，那些"无国家的社会"政治运行的基本逻辑与实践，他们描述的东西，大致来说是一种"有秩序的无政府状态"（ordered anarchy）。1940年到1960年之间，政治人类学研究提出了相当丰富的观点，这些观点基本上可以分为政治组织研究和权威形成研究两大种类。政治组织研究离不开英国社会人类学家的贡献，而这些贡献大多来自非洲学的研究，其中最有名的应当说是埃文思－普里查德（E. E. Evans-Pritchard），他的著作涉及面很广，但案例多数来自非洲的努尔人。总的来看，这位人类学家关注的东西，是无国家社会的社会控制。既然这些社会没有国家，那么，它们的"社会控制"就主要是由基于血缘和地缘关系构成的团体来安排。所以，埃文思－普里查德的政治组织分析,考察的是我们今天所说的"非正式的制度",他对依据血统组合和区分的地缘团体之间相互监督、冲突和合作的关系很感兴趣,其"裂变"(segmentation)理论强调团体凝聚力的情景色彩。他的例子说明,在无国家社会中,依据血统划分的派系,对外是一体的组织,但对内则随情景的变化而变化。当一个派系和它的对立派系面对外来压力的时候,它们之间会团结起来,一致对外。当外来压力减少时,内部的继续分派,变成这些组织的基本特征。

其他政治人类学家,更多地注意权威的形成过程,这方面利奇的贡献最大。1954 年,利奇出版了《缅甸高地的政治制度》一书,批评了功能主义有关政治的论述,认为这种理论过于重视稳定的政治制度,而忽略不同政治制度之间的互动。[①] 他部分地采纳了马克思的矛盾的观点,强调政治的动力正是来自于矛盾和斗争,强调权威的建构是政治动态的基本过程。他将政治理想模式区分为平权主义和等级主义两种,认为很多社会中,政治领袖的形成与选择这两种模式的具体实践有密切关系。理想模式是政治批评和权威建构的手段,讲平等的模式和讲等级的模式,表面上水火不相容,事实上经常被它们之间的差异,经常在政治权威争夺的过程中被抹杀。怎么理解呢?例如在一个村子中,某人想当村长,他就可能批评现任村长,说邻村是平等的,一个二十来岁的人就当了村长,不因为他年纪轻而被歧视,这个人通过宣传别的模式来拿到本村的权力。可

① Edmund Leach. 1954. *Political systems of Highland Burma*. London: Athlone.

是,过了几年,邻村出了问题,那里虽然平等,但有些人很懒惰,不参加劳动,不参与祠堂的活动,却照样拿工分。关于等级制又成为宣传的对象,服务于新的权威的创造。研究权威形成的过程,当然也可能采用冲突理论。

值得一谈的还有**政治象征主义**(political symbolism)的理论。什么是"政治象征主义"?意思大概有两种。最早的一种强调人的双重特性,将人的私利的社会行动定义为政治性,将他们的利他行为定义为象征性,意思是说利他的行为往往带有集体认同的表现,而利己的行动往往带有支配他人的追求。在一本叫做《两面人》的书里,人类学家科恩(Abner Cohen)首先提出这种观点,他认为人是由两方面组成的,一方面是人自己的政治追求,另一方面是人愿意为群体牺牲的利他主义。[①] 政治象征主义的另外一种含义,是指涉及政治权力的象征研究。这种研究也是从"两面人"的观点延伸出来的,但更直白地阐述文化的象征如何被政治权力所运用。二十年来,这方面的研究被广泛运用到民族国家、民族主义和帝国主义文化的分析方面。采用相同理论框架的,也有考古学家和历史学家,这一支在美国人类学中很重要,很关注王权和国家的文化建构。关于王权到民族国家的过渡,时常被我们忽视,其实这是一个很有意思的论题。想象一下中华帝国时代,我们的文化是以王权为标志的。皇帝与百姓是不同的,皇帝可以去祭天、封禅,这些文化不能跟

---

① 科恩:《两面人》,王观声译,世界知识出版社 1986 年版。

农民共享。而现代的民族国家的建立,是以冲进紫禁城为标志的,皇帝祭祀老天爷的地方,现在成了旅游景点了。这种帝国文化"庶民化"的过程,看来是普遍的,也是现代大众文化的核心内容之一。

在过去三四十年中,法国社会理论家福柯(Michel Foucault)的权力理论在知识界引起了很大反响,他那种认为现代社会权力无所不在的主张,深刻地揭示了政治现代性暗藏的非人性的一面,与人类学在无国家社会中寻求的另类模式,有异曲同工之处,因而也受到人类学家的广泛欢迎。比较福柯的理论和政治人类学,我们能发现一个有趣的差异,前者直面现代性,后者间接地通过"文化的互为主体性"的反省,达到了对现代性的批评。当然,遗留下来的问题仍然是文化相对论者提出的:政治支配的实质是不是普遍性的?事实上,1981 年,在《尼加拉——19 世纪巴厘的剧场国家》这本书里,格尔兹展开一项意义重大的探讨,他认为以权力为核心的国家,是一种西方类型,在一些非西方文化中,权力、地位和社会性的表演,是政治活动的核心内容,人们追求的不是"国家"本身代表的力量,而是国家所呈现的戏剧性和人格性。①

政治人类学关注的很多现象,涉及权力和权威的观念与实践。这两个概念的差别主要是,前者强调未经公众承认的支配力,后者强调已被公众承认的支配力,二者的区别在于强制性和非强制性。

---

① 格尔兹:《尼加拉——19 世纪巴厘的剧场国家》,赵丙祥译,上海人民出版社1998 年版。

用这个区分来理解社会中的法律现象,也是很有启发的。我们知道,有些人类学家专门研究"法律人类学"。法律人类学研究什么?它研究的就是不同社会中权力和权威对于判断是非的作用。我们现代的法律和法庭,制度化的色彩很浓,我们在罪与孽之间做了明确的区分,让前者指犯罪,后者指道德意义上的越轨。在很多传统社会里,犯罪和违反道德规范之间的差别,并非那么明显。法律人类学家认为,研究这些社会里的"法律实践"对于理解现代法律的时代性和文化特殊性有着重要意义。这些"法律实践"又有哪些?风俗对于解决冲突的作用是其中一项,这有点像我们中国的乡规民约;神判扮演的类似于法律的角色,是其中的另一项。而人类学最为关注的是,这些实践与特定社会的道德伦理体系或整体的文化体系之间的关系。为了探讨这些现象,人类学家必须诉诸不同文化对权力和权威的解释,因为这种力量约束了我们制裁越轨行为的方式。

民俗学家乌丙安用民俗学的框架,归纳了法律人类学研究的内容,提出"**民俗控制**"这个概念。"民俗控制"的方式很多,包括隐喻型、奖励型、监测型、规约型、诉讼型、禁忌型等,但共同达到的目的是社会制裁。[①] 社会制裁分为两种,一种是正面的褒奖,叫做正面的制裁(positive sanction);另一种是反面的贬斥和处罚,叫做负面制裁(negative sanction)。这两种机制在很多社会中同时发挥作用,

---

① 乌丙安:《民俗学原理》,辽宁教育出版社 2001 年版,第 134—211 页。

"弃恶扬善"指的就是制裁的作用。可是,什么是"恶"?什么是"善"?人类学家谨慎地说,对这两种概念的定义,不同文化也千差万别,我们不能简单地以自己的价值观来判断,而要深入到不同文化中进行意义的摸索。

4 信仰、仪式与秩序

人类学研究很多旧的制度、旧的传统、旧的生活方式,这些东西表面上看与我们今天的"摩登时代"脱节,但其实是相互反映的。宗教人类学方面的研究,可以说是这个反映的典型表现。宗教人类学研究的大多是与马克思说的"商品拜物教"、韦伯说的"新教伦理与资本主义精神"、涂尔干说的"教堂"不同的信仰、象征与意识。这一行的研究者关注的,首先是原始巫术和所谓的"迷信",可是它也企求从这个特别的侧面体现人类特性之中的某种一贯性。

宗教是什么?相信宗教就是相信一种超人的神力(divinity)的存在,这种神力有时被人格化为似人非人的东西,有时简单地就是自然力本身,有时被人们理解为死后的人变成的。宗教人类学产生于不同民族对于不同神力的想象,它的最早说法主要有"恐惧论"和"泛灵论"。前者认为,神性出现于人的智力低下时对外在的一切,包括夜间树林的骚动产生的恐惧。如斯宾诺莎认为宗教起源时人的心态就像动物一样,对这个世界理解甚少,狗夜间见到树影狂

吠，人见到这样的影子，就以为那棵树有灵魂，就去顶礼膜拜，接着
又出于恐惧，晚上做梦。面对众多不明的影踪，就以为它们是神灵，
由此创造了各种有关神力的说法。到人类学比较系统得到发展的
时代，宗教的诠释方面出现了一个相对严谨的论证，它的基本做法
就是在古老的"迷信"的探索中解释宗教的根源。包括泰勒、弗雷
泽在内的早期人类学家，试图回答一个我们今天仍然难以解答的问
题：信仰超人力量的存在，是不是全人类共通的"心智"（psyche）。
他们的答案是正面的，认为很多原始文化的核心内容是对神力无所
不在的"迷信"，这种"迷信"到后来才逐步随着人对自然界认识的
进步，改变为宗教信仰。进化论的观点，注重的是人的认识水平的
状况，对于信仰的影响，尤其关注人与自然界之间互动的过程中产
生的"误会"，对于神性起源的决定性影响。这种神性有时被理解
为生命本身，意思是说原始人以为世界万物与人一样有生命，所以
要尊重。

　　早期宗教人类学研究将宗教研究与人的自然知识的"进步史"
联系起来，派生出"迷信"（巫术）、"宗教"和科学这个时间系列。马
林诺夫斯基在他的有生之年，对人类学解释体系的改造做出了巨大
贡献，而其中的一大贡献是指出这种"进步史"的问题。与当时其
他领域的研究一样，进化论的宗教人类学研究，依据的是西方传教
士、探险家、商人、官员的日记、游记和报道展开的，这些资料中确实
有很多珍贵的例子，但进化论者犯的一个方法错误，是他们将世界
各民族的宗教资料分割于它们来自的文化之外，对之进行时代性的

排比。这样，来自非洲、太平洋岛屿、亚洲、澳大利亚这些地方的资料，都被说成是"原始遗俗"，这些"遗俗"本来还被当地人实践着，但进化论者认定它们已经属于万年前的文化。马林诺夫斯基认为，这样做使人类学家忘记了"原始人的心灵"其实是他们的生活实践的一个组成部分。真正将"心灵"分离于实践的是西方宗教，而被人类学家定义成"迷信"的那些东西，往往是不同民族解决日常生活问题的手段，这种手段的总体，组成一个民族的文化。巫术这种东西，与我们今天的科学相通的一面，是两者都是某种"技术"，是解决实际问题、满足人的需要的工具。

在法国人类学界，同一个时代也出现相近的观点。在法国学派内部，有不少人关注"原始思维"的研究，认识到原始的神性，不简单是人对自然界缺乏认识的表现，而是与人自身的精神和感知有关。早期人类学家在田野工作的时候，给土著人照相，看到土著人很害怕，这些人认为影像就是人的灵魂，一旦被"摄"去，就从他的肉体中分离出去，像在梦里那样，作为精神的人与作为肉体的人分开了，漫游在一个未知的世界里头。物质的人和精神的人的不可分性，被一些人类学家延伸到对原始思维中自然律和神秘律相互渗透的特征的解释，也被延伸到对个人的集体表象的解释。

要理解仪式的研究，有必要知道几种主要的提法。第一个提法，来自仪式与社会的关系的研究，首先要提到的是凡·吉纳普（Van Gennep）和特纳（Victor Turner）。人类学家兼民俗学家凡·吉纳普特别关注社会中过渡的空间，认为过渡空间是在两个共同体之间起作用的部分。他把这种过渡空间的研究推及一生的过渡礼仪的研究，关注人的出生、成丁、结婚、生子、生病这些事件中发生的仪式及年度的节庆，并将所有的一切定义为"过渡仪式"（*rite de passage*）。凡·吉纳普告诉我们，研究社会应关注社会中的"非常时刻"，因为正是在这些"非常时刻"，社会才表现为社会，不同的个人和团体之间才形成关系。特纳采纳了这种观点，他指出过渡的阶段之所以重要，是因为平常的时候人的社会等级区分很明确，而在过渡仪式阶段，这些差别都暂时消失。举些通俗的例子：在舅权社会中，舅舅本来是要管外甥的，但在外甥成丁的时候，总要买礼品来讨好外甥，这时他的形象和态度与平时的凶相很不同；在男权社会中，女人生了儿子的时候，在家族里头一下子提高了地位，平时则地位很低；结婚的时候人们成了"明星人物"，谈恋爱的时候一般要受长辈干涉；死的时候人们都来夸你，活着的时候恨不得骂你……这些日常的现象，有点像尖刻的笑话，但在特纳那里占有重要地位。用一句简单的话来说，他对仪式的理解就是：仪式的作用在于让人短暂地做好人，让社会短暂地团结起来，抹平平常的等级差异与矛盾，短暂地让人们放松地成为一个平等交往的团体，接着又把人们控制在社会规范的范围之内，回归到它的等级平常态。我们一般将这种模式称为"结构到反结构，反结构到结构"。看上去特纳在跟涂尔干唱反调，实际上他还是在研究社会结构和仪式行为的关系。

怎样理解这里的结构与反结构？不妨看看"病"的治疗方式。在我们这个时代，病的治疗与固定的医院已经密切联系起来。可是,医院是在近代才从西方引进的,以往我们的老祖宗生病,主要依靠中医、气功师和巫婆。中医和气功疗法是不是科学,很难用西方科学的理论来解释。不过,有一点是肯定的,就是这两种医疗疾病的方法包含的病理学和医疗学理论,与西医中的同类理论有很大不同。在我们的传统医学中,人体被看成与宇宙对应的体系,它的"病变"被看成是人体/宇宙的微观体系的不和谐引起的,因而治疗主要是要促成新的和谐的生成。人们说"治病",这里用的"治"与政治中的"治乱"是一个道理。我们不能说"病"的治疗是一种仪式,但传统的医疗对"病"的解释,不单纯把病和健康看成个人的事情,而含有一种将人的身体看成是整个社会和宇宙的问题的一面,这实在值得我们来关注。

人类学家关注中医学的做法和解释,但因为这是一个复杂的知识体系,十分难以把握,所以迄今为止成果不是很多。不过,人类学中对于仪式的研究,却为我们理解医疗、信仰与社会的关系提供了重要线索。这些研究主要来自巫术。人类的历史上巫与医是不分的,在部落社会中,"病"被看成是社会的事情,是某种反社会的因素——如魔鬼和妖婆——从社会的外部渗透到社会中具体的人的灵魂和身体中造成的混乱。所以,部落社会中,医疗疾病要跳大神,人们围着病人敲锣打鼓,狂呼乱舞。平时不一定在一起的人群,这时团聚起来,病人在生病的时候,整个社会都要和他在一起,共渡难关,希望从一个病态人的身心中驱除对整个社会有害的因素。于是,人类学家认为,作为生、老、病、死这一系列人生礼仪的组成部分,古老的疾病治疗,与一个社会的道德秩序的重建有着密切的关系,因而这种医疗方式通常构成一种叫做"社会剧场"(social drama)的场景,是社会克服危机过渡时刻表现出来的"集体精神"。

我们总以为人类学家的那套说法早已成为过去。事实上,在我们这个时代,类似的疾病道德还在发挥作用。比如,艾滋病确实是一种由于免疫体系的破坏引起的人体疾病,但在全世界已经引起了一种叫"道德恐慌"(moral panic)的现象。艾滋病与性关系的紊乱有一定关系,但不一定与我们想象的"乱交"和"同性恋"完全互为因果。可是,人们在谈艾滋病时,总是谈虎色变,就像在谈社会道德问题,这让一些无辜的病人无端产生巨大的压力。更严重的是心理分析学普及以后,欧美社会中各种类似的道德恐慌就时时发挥作用。近些年来,英美就时兴谈论"儿童性虐待"(child sexual abuse)问题。人类学家拉芳丁(J. S. La Fontaine)最近在一本叫《谈论魔鬼》的书中说,其实这样一些事件是英美传媒在现代社会中重新运用古老的"魔鬼理论"来催生道德恐慌的后果。[1] 在英国,有些社会工作者到处抓对儿子进行性虐待的父亲,其实有的父亲只是打了一下儿子的屁股,就被抓,被弄到社会工作委员会里去交代问题。抓人的不是警察,而是社区服务的一帮人,他们让儿子来控诉老爹,说他有性虐待行为。有些情况可能属实,但大部分情况是一些社会工作者通过逼供捏造出来的。新闻媒体恨不得有这么些事情来讨论,

---

① J. S. La Fontaine. 1998. *Speaking of Devil*. Cambridge: Cambridge University Press.

使当今英美的电视、报刊充斥着诸如此类的报道,这有点像基督教清教派产生的前期,教堂对于"巫婆"进行的道德制裁。

"社会剧场"的概念还可以延伸到人生过渡礼仪之外的年度节庆。我们知道,在现代社会中,人们总以为以"年"代表的时间是一种物理学和天文学的现象;但在人类历史的大部分时间里,"年"意味的过渡其实具有很浓厚的文化意味。中国人过年守岁、放鞭炮、贴春联等等,都是为了"总把新桃换旧符",用象征的和仪式的办法驱除年关潜在的危机。**"社会剧场"**的意思就是通过过渡时间的"超度"来促成新的社会秩序的生成及人的生命周期的平稳运行,就是在一个特殊的时刻设计一个庆典,借助宗教的力量建立一个新的秩序,使常态变成非常态,再使它增强社会的力量。

这样一些事例,使人类学家越来越关注我们日常生活的宗教性和仪式性。以往我们总是区分日常生活与"神圣时刻的生活",道格拉斯(Mary Douglas)等深刻的人类学思考者主张要看重日常生活的细节。她研究的是小事,刷牙、洗脸、换鞋子和吃饭之类。她认为,社会的秩序正是由这些不起眼的事项建立起来的。在《纯洁与危险》这本书里,她说我们在谈论肮脏和干净的时候,就是在进行道德的判断。有人把脚放在桌上,我们说这是不规范的行为,是肮脏的表现,这实际上是在说我们自己干净。这种脏和干净之间的界线是社会划定的,个人不可跨越,跨越了就"越轨"了,会受到谴责。吃饭也是这样,在宗教历史上,很多可吃的食物都不让吃。[1]

---

① Mary Douglas. 1966. *Purity and Danger*. London: Routledge.

一个世纪以来的宗教人类学研究，受启发于宗教的社会观与伦理观，特别关注正规的宗教教派以外的宗教现象，并逐步将视野拓展到日常生活中去。这样一来，很多原来在正统的教义里头不被看重的仪式行为、象征体系和"迷信方式"，就成为宗教人类学探讨的主要对象，而宗教人类学这个概念中的"宗教"与人们原来所说的"宗教"很不相同。在历史上，西方的传教士总是对他们自己信仰的宗教和其他民族的"异教"做明确的区分，以此来突出自己的正统地位。人类学家拒绝这种做法，认为所有的"正统的教派"，与我们在其他民族当中看到的"迷信"是相通的，决然的区分本身是人为的、不符合人的原来面貌的。人类学家认为，大到教会的朝拜，小到印尼的斗鸡仪式，都是在创建一种道德的共同体，在表现着人对于秩序和混乱的判断和想象，处理着人间的社会问题。

这也就是说，人类学家虽知道宗教可能是对现实社会关系的"观念形态扭曲"，但他们也认为这种"扭曲"本身也服务于社会现实的建构。马克思毕生都想告诉我们宗教的真相是什么，宗教在他看来都是假象，让我们感到，虽然我们很穷，但是世界很美好。对他来说，真相是富人和穷人去的教堂不一样。宗教一方面是统治者麻醉人民的鸦片，另一方面又可以使老百姓实现一种精神的抵抗，有时是积极的，有时是消极的。例如，在一个部落社会，酋长、巫师和医生往往是同一个人，他有全部的"药方"，即英文大写的"Medicine"，这种"药方"是他统治部落的依据，但同时也可能被人们用来重建"道德的共同体"，通过讲故事，说神话，来演说酋长的不是。中国古代的皇帝和方士之间的关系，也是这样，方士的"方术"有时证明皇帝是顺天的，有时证明他的"气数已尽"或"丧尽天良"。宗教与社会之间的这种两可关系，也是人类学家最为关注的问题之一。

生活的节律

"早期"社会的社会现象牵一发动全身,每一个单独现象都是社会整体交织网的一线。

——马歇尔·莫斯

La magie est depuis longtemps
objet de spéculations

  马歇尔·莫斯(Marcel Mauss, 1872—1950),法国现代人类学奠基人之一,在巫术、分类和仪式的研究中,提出了大量原创理论,他的《礼物》一书阐述了交换理论的雏形,影响了几代人类学家。

　　生活在一个社会中,要与其他人形成一定的关系。你要保持关系,就要承担起与他人交往的责任与义务,像"人情"这个词汇带有的意味那样;你要面对对你有要求的他人,要面对一个崇尚上进心的社会,与他人争个高下。关系、责任、义务、地位,都不能脱离特定信仰和行为规则给你的规定。人生活的期望及为了实现期望而承受的社会压力,都是"社会整体现象"的核心内容。用一个分析的眼光,你会看到我们的社会生活,被区分为社会关系、经济、政治、信仰与仪式等等方面,日常生活受这些制度的铸模之后,成为"生活方式",弥散地分布在我们的衣、食、住、行的实践中,从中得到具体表现。是什么东西能将这些弥散的关系、模式、力量与信仰结合成一个整体?人类学家抽象地说,是社会,或是文化。可是,人的生活方式不是分散在地理平面上的碎片。那么,是什么机制将社会整体现象融为一体,使之成为我们理解中的"传统"?

1 "七月流火，九月授衣"

《诗经》里的《七月》，是一首脍炙人口的先秦民歌。"七月流火，九月授衣"，这首经周代采风官整理过的歌谣，分八段细致地描绘了上古时期乡间生活的面貌。它的第一段，说的是农具修整和春耕，第二段说的是采桑，第三段说的是纺麻，第四段说的是打猎，第五段说的是修屋过冬，第六段说的是酿造和饮食，第七段说的是收割，第八段说的是祭祀。歌谣里唱的节奏，与月份和季节的时间流动和谐对应，时间的流动又用衣、食、住、行、劳动和祭祀的季节性特征来描绘。这首长篇的歌谣，描绘的是周代乡间的生活怎样围绕着季节的节奏形成一个体系。

《七月》描绘的"月令"、季节和"年"的周期，当然不是自有人以后就有的文化现象。它能被记载下来，成为我们今天还能阅读得到的"传统"，依赖的是文字。在古人说的"仓颉造字"以前，又是什么记载着时间的历程？考古学家会说，大致在一两万年前，已有人用石制的器物来刻画符号，表示时间的推移；有的人用石头摆成有规律的阵势，来模仿太阳、月亮和星星运行的轨迹，以表达时间周期；有的人用木、竹做的杆子来衡量太阳移动的方位，以此来判断时间。缺乏这些东西的人们，"日出而作、日入而息"，他们的劳作与休息节律，全然与太阳的出没对应起来。这种"最原始"的时间观念，今天还有人运用，它与已经存在千百万年的动植物生命节律与自然节律基本对应。在农业产生以前，这种直接的、简单的节律对应，必然是人的活动的基本步调，也是社会的基本步调。在狩猎—采集社会中，生活的节律最依靠自然界的节律，人们的生活仰赖着一年中自然界提供的物质条件，因而对于自然界诚惶诚恐，认为自己与自然物产不能区分。比如，鄂伦春人认为猎熊是不得已的行为，打着以后，不能说"打中了"，而要说"可怜我了"，好像猎人就是被猎的熊本身；熊死了，不能说它"死了"，只能说它"睡着了"。鄂伦春人食用熊肉，但认为熊头要风葬，是神圣的东西。分食熊以前，熊被扛到每家每户举行告别仪式。在这样的社会中，自然与人之间联系成一个至为密切的整体，物品生命的季节性，与社会生活的季节性，达到了充分的对称。年度周期一般由冬季和夏季构成，在冬季，人们获得食物需要集体合作，他们的住房也较大，集体感强，在夏季，他们周边食物丰沛，无需合作便可获得，房屋（帐篷）小而精，活动以个体为主即可。由于冬夏之分明确，他们的宗教生活与财产权也顺应时间的节律，冬季集体宗教盛行，夏季只需巫术，冬季财产共有，夏季财产具有个体家庭产权特征。①

　　一万五千年前，世界上出现了"农业革命"，使人类定居了下来，空间的稳定，带来时间的程序化，年度周期成为传统。"时间"

---

　　①　莫（毛）斯：《社会学与人类学》，佘碧平译，上海译文出版社2003年版，第321—396页。

的严格定义是不是那个时候流行起来的？要解答这个问题，当然有相当大的困难。可以想见，在一万五千年的农业和畜牧史里，人没有停顿地关注时间的流动。不过，历史上和现存的传统社会里，时间带有的意味，与我们现代的时间观有很大不同。我们理解的时间，是可以用数量来衡量的"期间性的"（durational），是可以被年、月、星期、天这些量的单位来切分的"块"。在传统社会中，人们实践的时间，虽也用年、月、日来表达，但对时间的理解，更多地带着非数量性、"非期间性"的特征。

如《七月》所呈现的那样，一个社会共同体的整体性，形成的基础是一种周而复始的年度周期。《七月》给我们留下的时间，首先是一个四季分明的自然界。在这个四季分明的自然界里，人的劳作依顺着自然的节律展开，农业、采集、酿造、织布、手工业、造房，这些人的劳作，随着四季的周而复始的流动，按部就班地展开着。人的劳作的四季，同时也是社会生活的四季。根据劳作的要求，根据人的性别，社会进行了分工，像《七月》说的，人们有时"同我妇子，馌彼南亩"，有时"女执懿筐，遵彼微行，爰求柔桑"，有时"朋酒斯飨"。劳作的节律，因而也是四季分明的男女性别区分与合作的节律。人们在性别分工和两性合作的基础上组成亲属团体，居住在他们建造的房子里，一同过他们的日子。所以，人类学家说，这种两性组成的社会，同时也是一个经济的单位。《七月》还告诉我们，在先秦时期，这个以家为中心的社会经济单位，已经依附于诸侯国的政治体制，从"家"里走出来的两性，女性在八月的时候，总要将麻纺染得绚丽多彩,将最漂亮的红丝,交给公子作衣裳;男性在十月农作物收割、存仓以后,要"上入执宫功"。诸侯国与乡间的家形成的不平等的关系,给那时的家蒙上了一层政治统治的阴影。不过,乡间有它自己的公共领域,在旧年和新年的过渡期,从十二月到来年二月,在收获季节以后的九月和十月,是乡间仪式最为集中的季节,过年与春耕重合,秋天的祭祀与农业的秋收重合,"春秋"成为一年最重要的时间,所以我们的前辈们也把春秋当成时代的基本内容,用它来形容"年",甚至全部的时间。"春秋"的社会、经济、政治和宗教的综合意义,在神圣的祭祀仪式里被神圣地庆祝着:

> 二之日凿冰冲冲,
>
> 三之日纳于凌阴。
>
> 四之日其蚤,
>
> 献羔祭韭。
>
> 九月肃霜,
>
> 十月涤场。
>
> 朋酒斯飨,
>
> 曰杀羔羊。
>
> 跻彼公堂,
>
> 称彼兕觥:
>
> 万寿无疆!

年度周期承载的社会整体现象,在现存的农耕社会中,依然能被观察到。例如,基诺族的农耕礼仪是一个隆重的节日。在这个节日的夜晚,人们根据传统聚在一起尽情歌唱,头人要给他带领的村民吟唱"朴折子"。"朴折子"的内容也是包罗万象,将一个民族的生育、生产、狩猎、采集、权威、宗教等等放在同一个想象的空间里,让它们组合成社会时间节奏的交响曲,使虚幻的和现实的现象结合起来,表示生活本身的意义和生命的力量,而这所有的意义和力量,与这个民族所处的生态氛围构成难以切割的关系。

2 时间就是社会

"时间就是生命。"人要经过生、老、病、死这些人生的关口,人生过了一个一个的关口,最终还是天年有限,要从有生命的人变成无生命的物。从它的延伸意义来理解,"时间就是生命"这句话,也可以理解为"年"这个时间的周而复始的"段",它的有限范围内的"死"。人类学家说,无论是作为人生的时间,还是作为"年"这个社会的时间,时间在我们生活中起的作用很大。于是社会要融合为一体,需要依靠时间的关口,需要在把握这些关口的过程中,显示社会的整体意义。在这个层次上,时间就是社会。

人呱呱坠地,降生于这个世界,这个时刻,创造了一个生命,说这是一个生命,是因为他要在这个世界上活一辈子。"一辈子"是什么?就是几十年甚至上百年的一生。在一生里,许多人要"走自己的路,不管他人怎么说",但"不管他人怎么说",不意味着人的一生可以完全置社会于不顾。社会整体现象之所以是社会整体现象,正是因为我们每个人都有这一生。母亲生我们的时候,好像是一个人在创造另一个人,但因为我们每个人被生下来,就要成为一个家庭、一个社会的成员,所以对"生",社会有很多的规则,小到接生的方法,大到计划生育,围绕着小小的生,人创造了生育制度,用家和国家的一切范畴来给这个小生命一种具有时间性的社会定位。生育不是个人的事情,老人们说,在我们这个社会中,妇女生育男儿以后,在家族里的地位一下子会得到飞升,这是因为她为家族的绵延做出了巨大贡献。

生出来的新生命,被纳入一个社会,需要面对生存于社会之中的种种问题。成为一个成人,人要经历无数的磨难。在那些教育还没有成为一种社会分工的社会中,小孩从长辈那里学习生活的技艺,凭着符合天性的游戏来学习生产和战斗的技巧。在教育成为一个社会训练社会人的专门场所的社会中,成年的过程是人被教育空间安排的时间严格限定的过程。在传统社会中,成丁时家族要举办隆重的仪式,来告诉成丁的人和他的同伴,"你已经是个大人"。在现代社会中,高等学校的毕业典礼,起到了同样的作用。从此以后,人要成为劳作的人,他进入了一个社会化以后的时代,就要用社会的办法来实践和传递社会的规则。这个过渡的过程是一系列的磨难,那些经受不了磨难的人,可能因情绪的不稳定而产生反社会的情绪,成为与"正常人"不同的"非正常人",甚至是疯子或罪犯。对

"非正常人",社会采取严厉的制裁,对"正常人"社会会给予他们的循规蹈矩行为不同程度的回报。

童年时候的人,被赋予特殊的权利来嬉戏地看待社会的公共性,他们还不是成人,古怪的行为不被责怪,他们的生活节奏,也可以与整个社会的年度周期不合拍。但成年的"正常人",他的个人生活节律与整个社会的时间节律重叠了起来。一个人长大了,他要找到对象,与她构成某种两性之间的生活关系,对于这种关系,大部分社会要求用婚姻来定义。无论是要举行隆重的婚礼,还是只要做简单的结婚登记,人与人之间、人与整个社会之间形成了一个长期的契约关系。他们生儿育女,要受一个社会的特定规则的认可。而在很多传统社会中,生育本身就是规矩,不育或拒绝生育,被认定为道德越轨。一对夫妇的感情,也交给了社会来管理,最严重的分裂是离婚,它带来的后果,越来越不被人看重,但离婚过程中,人所要承受的舆论负担和法律处决的负担,不能不说是社会性、经济性和政治性的。在宗教发达的地方,对婚姻的越轨(包括离婚、婚外恋,甚至不育和夫妻不和),都要遭到宗教机构的制裁,比如被教堂开除教籍等等。

人的成年,当然不仅是指人成为有配偶的人,能对种族的绵延做贡献。人的成年,还指成为通过劳作来生活的自立人。社会中不乏寄生于他人的人,但在大多数的情况下,成人要延续他的生活大凡需要劳作(包括妇女的生育与养育),甚至可以说,寄生与被寄生通常也有一个交换关系。人要劳作,就要像《七月》说的,要将自身纳入到一个四季分明、周而复始的年度周期里,跟随着人生活的社会共同体,日出而作,日入而息,遵守社会的时间节律,生产食品、服装,建造住房。在自给自足的地方,衣、食、住靠以家庭为生产单位的团体来提供,在这些方面的更大范围的协作,通过劳力、物品和金钱的互惠来实现;而在一个商品经济发达的地区,人的劳动成为抽象的价值,他获得的报酬可以在一个广泛的范围里换来生活的所有条件,衣、食、住成为商品,时间成为金钱。成人是成人,也是因为他"成仁"了,因为他已经接受了社会的道德理论规范,与他人形成了特定的关系。这种关系有时是非正式地以风俗习惯来定义的,有时被正式地框定在法权的范围里,与政治制度密切勾连起来。在大多数社会中,人是分等级的。人与人形成的关系,通常也是动态的。成人处理与不同等级的人的关系,采取不同的交往技巧,不同的文化有不同的规矩。在很多社会中,存在着持无神论态度的成人,但即使是这些人,行为上也要循规蹈矩地表现他们对于超人的力量的尊敬,包括对超人的无神论的尊敬。

人生的时间是有限的。与任何生物一样,人会生会死。在人生的有限时间里,人想了很多法子来过他的一辈子,这些法子包括艺术的创造,这种最具有人的原创色彩的活动往往与人文世界构成扭曲或对应的反映,来获得自身的创造意义。人的创造能给后人留下历史的记忆,在神话、传说、故事、历史里头留下印记。但人生的终结,没有超越死亡。死亡可以说是人的创造力无法战胜自然的终极表现,但因为是这样,死亡也就为社会的不断再生提供了最为重要的时机。"人终有一死，或重于泰山，或轻于鸿毛。"处于不同社会和历史地位的人，他的死亡有不同的意义。英雄死后，通过神化而成为神和祖先；无足轻重的人死后，如果没有后人给予超度，会被认定为"鬼"。因为"鬼"被设想为会扰乱社会安宁的那一类，所以平凡的人总喜欢所有的死人成为神或祖先。在丧仪里演出的一出出值得观看的"社会剧"里，要将个体的人的尸首，当成社会神圣力量的塑造的素材，在它上面大做文章。

老一辈人类学家田汝康曾发表《芒市边民的摆》，根据1940年到1942年间在云南芒市那寨从事五个月田野工作所获的资料，分析当地摆夷人（傣族）"做摆"（集会）的习俗。① 据说，"做摆"可以为生着的人死后在天上订下宝座，让人去世后，有一个理想的归宿。"做摆"的内容是将生产的剩余价值奉献给佛，以期神佛赐予天上宝座。芒市的土地肥沃，农业产出大大超过需求，而摆夷人并没有将剩余价值投资于扩大再生产的习惯，而是依据传统将财富大量耗费在"做摆"上。"摆"有"大摆"和"公摆"之分。"大摆"是以家庭为中心召集的集会，"公摆"则牵涉到整个地方共同体。显然，"大摆"与家庭的重大事件有关，而"公摆"则依据一年中时间的宗教周期来举办，有的针对一年中的"凹期"的不吉利因素而举办，有的是配合农业的播种和收成节奏举办。人们举行"摆"的仪式时，要邀请寨外有关系的人来参加，一次"摆"的仪式，能联合二十几个村

---

① 田汝康：《芒市边民的摆》，重庆商务印书馆1946年版。

寨。"做摆"的家庭设宴待客,也赠送给客人丰厚的礼物,以表示他们的热情好客与能力。"做摆"是人向神佛奉献厚礼,与神佛交换天上宝座的礼仪,同时,又是人们向亲友摆阔气,求取名望和社会承认的机会。客观上,它也起着超越村寨局限的作用。"摆"是为了死或升天这样的未来时间转折举行的,它将宗教、经济、社会、政治权威等制度和观念联结在一起,"摆"可以说是一种整体社会现象。

围绕着人生的成年、结婚、劳作、休闲、交往等等,人形成行为的习惯,习惯接着成为惯例,惯例和社会性的时间节律结合起来,形成风俗,习惯和风俗接着结合成社会,社会在人生和劳作与庆典的节奏里,构成了一种难以切分的整体性,我们将这种整体性叫作"社会整体现象"。时间就是社会整体现象的核心。社会整体现象要起作用,却不能离开每个个人的实践,受社会时间节律调节的劳作和交往,一方面起着让人"过一辈子"的作用,另一方面通过提供一个节律的体系,循环往复地复制着人对自然界及对社会的解释,这种解释就是"宇宙观"。这种总体性、整体现象及宇宙观的能动过程,时常被人们形容为"传统"。

3　历法与秩序

社会的时间节律,既然维系一个社会的完整性的核心机制,那它的作用便真可以说是牵一发动全身,人们对它也要怀着诚惶诚恐的心情。我们民间流行的《通书》便是一个例子。一般的《通书》，用天干地支来记录时间的周转，同时表明归属不同生辰八字的人，他的个人时间与这个宇宙观的时间对应时可能出现的情况。根据五行的原理，时间的特定点，被描绘成天象和宇宙万物处在的状态，状态的好坏又导致有灵性的天象和万物的情绪好坏，《通书》注明在这个时间的点上，宇宙万物是不是和谐，如果不和谐，就叫作"凶"，如果和谐，就叫作"吉"。因为吉和凶都是对个人的生辰八字而言的，所以《通书》提供一个完整的图表来让人查出重大的事件、要紧的计划该在什么时候进行才吉祥。

现在，在一些地方，《通书》这一类的东西还是很流行的，跟它配合的，还有测算人的流年运气，大体也是要告诉一个人在一生里，在一生的哪一年、哪一月，甚至哪一日，会出现什么气运，人的行为该注意配合什么。很多人将这种古代遗留下来的老皇历称作"迷信"。《通书》里，信仰的成分确是有的，但这种历书也是一种社会行为的时间蓝图，它告诉人们的是，怎样使人生的实践与宇宙间万物的秩序，配合得更好、更和谐、更吉利。这样的时间节律的严格规定，在今天这个只区分"假日"和"工作日"的时代里，已经不怎么重要，所以我们说它"迷信"。可是，在传统社会里，它备受人们的关注。秦汉时期的皇帝，就特别相信懂得这一类知识的方士，尤其是汉武帝以后，皇帝特别希望长治久安，特别关心自己的行为是不是与"天的节律"合拍。他们于是"象天法地"，营造一种叫作"明堂"的建筑，可以在里面祭祀、生活和施政。"明堂"根据宇宙变化的节律,划分出空间的方位,分出吉凶。① 皇帝在里头的活动都要遵照时空的规律。如果统治不顺,皇帝还会以为是因自己在某一天的行为引起的。于是,求方士来解除麻烦。"明堂"的制度与皇帝统治天下的政治中心的空间格局完美地对应着,城市不简单是交易、工作和生活的集中场所,指的是由配合着日月星辰、五行等等元素的祭祀空间组合起来的体系。皇帝一年四季,都按照一定的规则、一定的节律,不辞辛劳地去朝拜。

在古老的文化里,时间的尊严被一个社会的统治者严密地守护着。像中国古代的"明堂"及朝拜的祭坛,都还算是比较简朴的了,献给神灵、天地的祭祀品,体系很完备,意思很浓重,但主要是象征性的。在阿兹特克文明里,血腥的献牲却是维护时间尊严的常见手段。同我们上古时代一样,这个文明里的历法有一部分继承了农业的季节区分,但它的核心内容是祭祀活动。每年分成 18 个月,每月分成 20 天,一年还加 5 天凶日。宗教的星期包括 13 天,每一天都有特殊的名字,以气象、动物、工具等来命名。时间的各段落里(包括每个白天、每个黑夜),都有特殊的神灵保护着。在凶日里,人们什么都不能做,在一些重要的神把持的日子里,献牲是重要内容,献祭的不只是动物,还包括被血腥杀戮的人。②

---

① 顾颉刚:《史迹俗辨》,上海文艺出版社 1997 年版,第 77—79 页。
② 瓦伦特:《阿兹特克文明》,朱伦、徐世澄译,商务印书馆 1999 年版,第 177—193 页。

　　莫斯曾说,社会整体现象的"高级的艺术",就是政治学了。①
他的看法是,这个整体现象的核心是交换的机制,即人与人相互接
受的互惠,它的最高层次是一种如慈善这样的公共道德。如果我们
接受他的观点,将社会看成是人与人交往的模式,那么,正是在社会
的时间节律中,这些交往表现出了强烈的时序色彩,它的高级表现,
就是作为宇宙观和宗教最精华部分的历法。所以,一个帝国在创立
之初,总要编修历法,将它颁行于天下。这从历史发展的另一种极
端的侧面,反映了社会共同体中时间节律的凝聚力。

---

　　①　莫斯:《礼物》,汪珍宜、何翠萍译,台湾远流出版公司 1989 年版,第 108 页。

"天"的演化

> 每一种文化都存在不同的制度让人追求其利益,都存在不同的习俗以满足其渴望,都存在不同的法律与道德信条褒奖他的美德或惩罚他的过失。研究制度、习俗和信条,或是研究行为和心理,而不理会这些人赖以生存的情感和追求幸福的愿望,这在我看来,将失去我们在人的研究中可望获得的最大报偿。
>
> ——布罗尼斯拉夫·马林诺夫斯基

　　布罗尼斯拉夫·马林诺夫斯基(Bronislaw Malinowski, 1884—1942),生于波兰,在英国成为著名人类学家。他是现代人类学的奠基人之一,倡导以功能论的思想和方法论从事文化的研究,著有《文化论》,讲述功能派的文化理论;《西太平洋的航海者》典范地展示现代田野工作与民族志方法;《文化动态论》,讲述文化变迁分析的方法,为我们指出文化不是历史的残存,而是人生活的工具。

"一方水土,养育一方人。"在人类学家看来,这句话表达了一个深刻的道理:作为社会的组成部分,亲属制度、经济、政治和宗教,与它们存在和起作用的地方,构成了一个难以相互分割的体系,这个体系由周而复始的年度周期和生命周期维系,使一个地方具有一个地方的一体性和总体特征,使不同的人群生活于自己的宇宙观模式之中。这样的地方特色,这样的宇宙观,深深地嵌入人们日常生活的衣、食、住、行等等方面之中,对人的工作与娱乐、生产与消费、实践与仪式起着微妙的作用。

人就是社会,社会就是风俗。人类学家研究人,看到的人,是与"物"的世界有区别又有联系的。人正是在区别于"物"又与之构成联系中形成了我们所说的"社会"。人类学家认为,"社会"不是时髦的理论家告诉我们的那一套套组织机构、治理手段、资源配置的模式;"社会"是由一个民族、一个地区、一个地方的风俗和习惯构成的,处理人与人之间、团体与团体之间、阶层与阶层之间、人与非人之间关系的文化机制,也是人们想象的世界与现实的世界互为对应的文化机制。以亲属制度、地缘纽带为"初级制度"构成的社会关系,与赠与和交换的各种模式、权力的事实与想象、宗教思想与活动一道,构成了整体社会现象,界定了我们人的本质。在一个特定的地方,人与"物"或"神"的世界之间构成的区别与联系,方式有所不同,人类学家用相对的文化观来研究这种差异。

人类学家的这种"非我中心"的文化观,使这门学科的视野从现代社会拓展到古代的石器时代、希腊罗马、埃及、中国、印度、中东,拓展到当代的少数民族的人文世界,学科的焦点是非现代的、异于现代文明的传统社会。而现代性,无论是德语的 De Neuzeit,法语的 la moderuité,还是英语的 modernity,都是指与所有形式的"过去"的断裂,包括思想上的决裂和实践上的非连续性。倘若你能理解人类学家的思索,你一定会说,真正有助于我们更清晰地界定现代性的学问,就是研究现代的"对立面"的人类学了。可是,这样一说,问题也就来了:人类学家描写的那种"一方水土,养育一方人"的面貌,那种"凝固的时间",是不是已经或正在随着现代性的全球化而消失?如果说文化的新旧更替已经发生,那么,我们又怎样理解关注传统的人类学在当代世界中的意义?

1 变化的世界

"变则通,通则久。"这句老话使很多人想到变迁的观念的古老根源,至少想到《易经》,想到这本古书如何论述"变通"。可是,这种古老的"变"的理论,与我们今天说的"变迁"(change)表达的意思,基本上是两码事。

古人描述的"变",是一个阴阳力量相互持续消长的"道",它长期以来与"祖宗之法不可变"的另一种论调并存,以"变"之道来顺应"天命",维持具有政治意义的天、地、人的关系。这种"变"的世界,在人类学家描述的部落社会中也时常可以看到。著名人类学家埃文思-普里查德的《努尔人》,分析的那个努尔人的社会,核心的内容是与生态的时间和空间联系为一个体系的"裂变体系",所谓"裂变"的意思,就是在分分合合的持续变动过程中形成秩序,应对外在环境的变化。利奇的《缅甸高原的政治体系》,描述的是政治权威形成过程中,实践着摇摆于不同的理想模式之间的"钟摆状态"。古人和部落人理解中的诸如此类的"变",大体来说都要依靠神话结构中的二元对立与互换原则。不管是中国的阴阳,还是部落社会的"裂变"与"钟摆",这个意义上的"变"是朴素的辩证法和社会选择自身决定的。

现在说的"变迁",是有历史目的论要求的,它意味着社会整体在时间推移中的方向感,这种方向感是与过去的断裂,与那种周而复始的时间观念不同,在近代以来发生的,我们叫它"现代化",它的理念和结果,我们叫它"现代性"。什么是"现代性"?理解了人类学对传统的整体社会现象的不同方面的研究,我们就不难理解现代性要预期达到的变化。首先,现代社会的确立,依靠"新秩序"的奠定,"新秩序"之"新"是因为它要超越人类学家关注的游群、继嗣群体、亲缘关系、部落、农业社区,要将人从这些共同体中解放出来,组成新的社会,在重新归属的行政空间范围内接受新的时间安排。这个超越地方的社会为了维持稳定,特别需要通过在工作地点对人的活动进行时间和空间的规定。因之,现代化论者常常提到,"现代化"就是科层制的兴起。"科层制"是什么呢?就西方的现代化经验看,"科层化"的实质是社会时间和空间的重新安排和配置,它要使人际互动脱离传统生活中的多向度性,而使它单向度地面对着工作地点的行政管理。

其次,来看经济交换的变化。在不同类型的传统经济中,经济体系与文化体系的其他方面不可分割,经济活动往往作为特定社会整体的组成部分存在。在现代性高度发达的社会中,社会被分化为国家、市场、民间社团和慈善机构。充分现代化的民族国家一般不执行资源再分配的功能,资源的加工和消费在多数情况下是由市场自我调节的。市场的税收一部分供应国家的开支,另一部分用于劳动力再生产,再有一小部分流向慈善机构供社会救助所用。慈善机构的福利体系在存在意义上类似于互惠交换,但其所构成的社会关系与传统社会的道德—经济关系十分不同,属于一种市场利润的民间制度化再分配。大量的配置性资源被用来从事赢利的市场交换,其结果是市场自我再生产和扩张能力的增强以及对金钱象征力量的普遍认可。世界经济体系的格局,基本上可以分为发达国家体系和不发达国家体系之间的中心、边缘、半边缘等级,其间物品的流动,表现为"物竞天择",其价值一方面是在质量竞争中实现的,另一方面是货物本身的"现代性"特性的表现。这样一来,以人际关系和权力为基准的互惠和再分配制度,在现代社会成熟的过程中逐步让位,或者成为"非正式制度",部分纳入"正式的"市场制度的覆盖范围。

再次,来看政治和法权的变化。在很多小型的共同体中,争端的解决依赖风俗、习惯和人际关系,神判和习惯法起重要作用。即使是在传统的帝国中,成文法律可能已经发展得很完备,但这种法律与帝国的权力、礼仪和道德伦理制度结合为一个整体。而在现代社会中,法律被逐步疏离出来,其他方面的因素被排斥为"非正式制度"。

最后,现代性还能从信仰、符号和仪式的角度来考察,因为现代性的理想结果之一是民族主义在各种仪式和象征体系中的支配地位的形成。在一些人的理解中,现代性意味着"世俗文化"取代"神圣文化",也就是说现代性的成长就是"非理性的信仰"的消失。事实上,现代性的一大特点恰恰包含新的符号体系和信仰。这种符号和信仰的一大特点是相信一个"统一的过去"的存在,而这个"统一的过去"为的是展示一个"统一的现在"(即民族国家)的存在,它与传统社会中的各种信仰区别很大。在传统社会中,符号—仪式体系对"过去"的解释是多元的,因而人类学者在田野工作中常常碰到当地人对同一个符号和事件赋予不同解释的问题。现代性的特点就是对民族国家的"过去"赋予同一个"官方解释",使历史成为社会统一安排人的生活轨迹的目的论手段。此外,随着原生性共同体逐步被排挤,人们面临越来越多的不确定性。

在"新社会"中,人们要脱离熟人,面对更多的陌生人和来自四面八方的生活不确定性,这使人们不再能够依赖原来的人群和固定的"命运信仰"来生活,而必须相对个别地与一个超越地方的社会构成相互连接的关系。于是,产生了"风险"的观念,这种观念进而成为文化,取代原有的对"命运"的信仰。人们为了应对来自四面八方的不确定性,便十分信任社会为他们提供的各种服务制度,包括保险、福利、医院、律师等等。这些东西都是克服风险的专家制度,与传统社会的宗教、互惠、巫术等等机制有很大的不同。在过去的社会中,人们遇到问题时,可以寻求社区中的家族和邻里的帮助,而当现代性发展到一定程度时,人们大多就转向职业化的机构来寻求支持。这与其说诸如教堂、庙宇之类的机构必然被新的信任机构所取代,而毋宁说这些既有的机构,也可能发挥他们在克服风险方面的作用。

2　文化动态论

现代性意味的"变",是一种目的论的一元主义,难以容纳既往社会的文化辩证法和"致中和"的哲学,难以宽容缺乏正式政府机构的部落的"分裂体制",难以宽容传统社会的"面对面"的小地方,难以宽容信仰的"非理性"。近代史上，甚至是主张"变"的中国维新派，对于这种目的论的一元主义都有防范之心，认为它可能招致整个"天下"的混乱。可是，这种防范之心终究没有成为主流。

人类学给人的印象确实是研究传统的学问。但人类学家马林诺夫斯基早在1942年发表的《文化动态论》一书中，就探讨了现代文化对于非西方文化的影响。① 他的例子主要来自非洲，在那里他看到，殖民地在面对外来的殖民文化的时候可能要产生的变迁，而且那时的变迁道路已经逐步明确，一种是殖民者的外来新文化占完全支配的模式，另一种是介于殖民者和被殖民者之间的模式，再一种是本土中心主义的模式，而逐步占主流地位的是后两种的结合，它是非西方民族主义的前身。

将现代文化与殖民主义完整地联系在一起，不一定能充分解释现代性的复杂历史。世界上没有被变成殖民地的地区是有的，我们中国就曾是一个"半殖民地"国家，而我们也曾在明清时期(甚至更早一些)自主地发生过近似于"现代化"的"资本主义萌芽"。然而，迄今为止，我们总结的"现代性"，它的经验主要来自欧洲，基本上是西方社会科学家观察自己的社会后得出的结论。

在接受现代文化时，非西方社会难以避免地会面对当地的具体问题，因而，它们的现代性也会出现地方性特征。非西方社会具有与现代性的起源地西方社会不同的社会形态和文化传统，对它们来

---

① 见费孝通：《论人类学与文化自觉》，华夏出版社2004年版，第250—271页。

说,现代性属于外来文化。在传统的"废墟"上建设民族国家的过程中,非西方社会的政治精英面临着如何处理本土传统与外来的新传统之间关系的问题。这并不是说西方社会从未碰到这个问题。不过,西方社会中现代性的产生有一定的历史背景,而且经历过较长的历史时期,因而是逐渐为人们所接受、潜移默化的过程。相比之下,非西方社会引进现代性是较晚、较突然的,因而与本土传统形成的矛盾比较激烈。政治精英为了使自身处于合法性的地位并获得民众的支持,有时必须强调他们的政治纲领符合现代社会的要求,有时为了迎合抵制殖民主义和外来文化渗透的民心,他们却又必须强调他们对本土传统的关切。从而,在非西方民族国家中,广泛存在传统主义和现代主义的周期性循环替代,有时传统主义处于支配地位,反对世界霸权和西方现代性的呼声也处于支配地位;有时现代主义处于支配地位,与西方世界体系"接轨"的呼声也随之扩大。在一些情况下,它们合流形成一种传统主义和现代主义的糅合形态。但在一般情况下,这两股潮流常常并存,它们常常形成内部的矛盾,造成不断的内部资源的耗费。尤其是在正规宗教发达的地区(如中东北部和阿拉伯世界),传统主义和现代主义的矛盾可能表现为宗教的内部派别分化,造成原教旨主义和改良主义的冲突,从而削弱主权和公民权的意识。

现代性同样可能造成的另外一个后果,这就是族群关系的极端复杂化。民族国家的意识形态潜含着"一个民族等于一个国家"的逻辑。这在一方面有利于非西方民族从西方帝国主义体系中独立出来,但在另一方面也造成了非西方社会的"民族认同危机"。在非西方社会中,长期存在不同小部落和族群并存的状况。20世纪以来,非西方民族国家纷纷成立,它们在很多情况下不是以"一个民族建立一个独立的国家"为前提的,而是形成多民族的统一国家。以一个国家来统一多种民族,无疑可能造成一种"虚构的共同体",在行政管理、国民化教育体系、警察和军队体系尚未完全成熟的情况下,这个共同体存在许多漏洞。

制度的组织也时常有特殊的问题。在西方,民族国家的组织是随着工业化而逐步发展起来的。在非西方社会中,现代组织的制度化,是在工业化尚未成熟的情况下就超前进行的,它常常导致正式制度与非正式制度之间的矛盾。急于获得现代性的非西方社会往往也急于消除国内的非正式制度,如亲属关系(血统制度)、民间交换、习惯法、非正式权力体系、小传统的信仰—符号体系。在民国革命时期,我们提出了消灭家族、破除迷信、建立现代法制和权力体制的设想,将本文化的传统视为现代化的敌人。将传统文化当成"现代化的敌人"来横加排斥,造成现代化过程中文化隔阂的产生。

形形色色的文化矛盾、选择困境,在19世纪帝国主义时代以来的部落社会中表现得最为突出。人类学家曾经针对西方文化侵入"原始社会"而展开的文化运动,提出了"千禧年运动"(millennial movements)和"千禧年主义"(millenarianism)这两个概念。它们来源于西方基督教传统,原意是"地上的耶稣·基督王国延续一千年",即基督应他的信徒的祈求回到世间成为长久的圣王。人类学意义上的千禧年运动,首先在美洲西北部一带,原来具体指该地区的"鬼舞"(ghost dance),这种以仪式和信仰为核心的运动是美洲印第安人抵抗殖民侵略和屠杀的具体表现,其具体表演形式为:扮演勇敢斗士、穿着据说子弹不能穿透的衣服狂舞。印第安土著举办"鬼舞"具体目的有所不同,有的是为了让祖先起死回生,有的是为了驱除流行疾病,有的是为了恢复和重建遭到外来破坏的道德秩序。但从总的情况看,"鬼舞"与西方基督教早期的千禧年观念十分类似,是以宗教观念来抵制现世不合理现象,并从而期待美好未来永存的信仰模式。在 19 世纪末的美洲西北部,这种运动的纷纷呈现,与当时殖民主义冲击下土著部落的认同失落感有着密切的关系。

随着西方霸主地位的上升,殖民地的旧有格局产生的变化,"文化复兴运动"此起彼伏。美拉尼西亚地区出现了"船货运动"(cargo cults)。"船货运动"首先以其预言家获知部落祖先的信息为起始点,相信白种人正在为土著民族做出许诺,要在不远的将来为他们提供整船整船的货品。如果人们按照社会规范行事,则这些载满货品的船便会准时到来,而如果人们反其道而行之,继续挑起争端、行为冲动、施展妖术,则这些货船就不会到来。"船货运动"的涌现,重新引起了人类学界关注殖民主义引起的土著文化秩序解体问题。

殖民主义和帝国主义冲击力的大小,以及土著社会规模和文化力量的差异,使千禧年运动在不同地区和不同社会中呈现出不同的特征。依据这些运动对于本土文化和外来文化的态度,我们可以将它们大致分为极端推崇本土文化秩序的运动和极端推崇西方舶来品两种极端类型,在两者之间则存在中间型的文化运动。被人类学家归类为"千禧年运动"的事件,可能以企求救世主的来临为主要内容,可能以文化的结合为手段来为殖民统治带来的历史间断做做修补,可能强调本土文化秩序的重建,可能推崇西方物质文化的价值,这些类型的运动,就是"弥塞亚式"(messianic)的运动、涵化(acculturation)运动、本土主义(nativistic)运动和船货式运动。① 在非西方传统社会基础上建立的民族国家,它的意识形态也必然有"弥塞亚式"、涵化式、本土主义式和船货式之分。这些不同形式的民族主义,不一定完全是古代民族中心主义的现代表现,它们更多的是在文化接触过程中,民族中心主义遭到挫折时出现的反应。我们都不能忽视这些运动与现代世界格局的变动之间的密切关系。非西方社会广泛存在的千禧年运动,从不同的角度反映了非西方文化被近代以来上升为世界支配力量的西方文化排挤到边缘地位的历史过程,反映了不同的非西方文化为了加强维系自身的传统、重建自身的秩序而展开的"文化自觉"运动。

---

① 详见史宗主编:《20 世纪西方宗教人类学文选》,上海三联书店 1995 年版,第895—960 页。

3 "大同人类学"?

怎样看待这个世界在过去二三百年中发生的变化？将注意力集中放在"封闭的小型社会"的人类学家怎样应对这样一个"天下大同"的时代？这是荷兰人类学家费边（Johannes Fabian）在他的《时间和他文化》中，对现代人类学提出的问题。① 费边的这本书从哲学的角度，对人类学叙述的时间结构变化进行了深入的剖析，考察了西方社会中从"异教徒"循环时间观念，经由犹太教—基督教的线性时间观念，再到中产阶级的世俗社会文化进化阶段论的时间观念的历史变迁。它论述的最后一种时间概念，是人类学为了对抗进化论，为了捕捉非西方文化的"此时此地情景"而形成的"无时间性"。在早期人类学思潮中，空间的距离被视为随着时间的拉远而扩大。在现代人类学中，民族志描写的依然是远离自己家园的被研究者，而人类学者也一如既往地把后者放置在他们自身的现时历史时刻之外，使在西方思想中的"原始"依然继续保持它的"时间概念性质"，成为一个范畴，而不是一个思考的对象。

为了改变现代人类学的"无时间弱点"，1980年代以来人类学界内部也提出了一些革新的方案。在《作为文化批评的人类学》

---

① Johannes Fabian. 1983. *Time and the Other*. New York：Columbia University Press.

中,马尔库思(George Marcus)和费彻尔(Michael Fischer)这两位新一代人类学家介绍了人类学研究的新策略,强调人类学研究要融入现代性的文化批评中以获得新的生机。[1] 二三十年来,"全球化"概念的提出,进一步给人类学带来了新的挑战,使追求变化的人类学家转向了世界政治经济学的研究和传播媒介的研究。电脑和生物科技的发展,也促使一些应时而动的人类学家转向研究虚拟社区和生物科技的社会影响。

然而,世界出现的这一系列的变化,到底是不是已经——或正在——催生一个"世界文化"?芝加哥大学著名人类学家萨林斯关注到变迁过程中文化差异的保留和发扬现象。在萨林斯看来,全球化的同质化与地方差异化是同步展开的。这是一种由不同的地方性生活方式组成的世界文化体系。更早一些,关于现代性面临的本土化问题,在新兴民族国家兴起的时期就受到人类学家的关注,结论也说明"原来的文化没有消失"。例如,格尔兹的《文化的解释》一书中有一篇长篇论文,比较了印度尼西亚的中心与圆弧式地方主义和双重领导、马来西亚的单一党派跨种族联盟、缅甸的掩盖在宪法条文主义里的侵犯性同化、印度用地区政府机器在多方面抗击各种为人所知的狭隘性的超民族中央党、黎巴嫩的宗派抨击和互相吹捧、摩洛哥阳奉阴违的独裁统治、尼日利亚漫无目标的制衡式小冲突。基于对不同的新兴民族国家的比较研究,格尔兹对民族国家的

---

① 萨林斯:《作为文化批评的人类学》,王铭铭、蓝达居译,三联书店1997年版。

"整合式革命"（integrative revolution）的实效提出了质疑。①

人类学家要面对一个变化的世界，要面对这个变化的世界给学科带来的机遇和问题，这是学界公认的。但在处理变迁问题时，人类学家不一定一味地强调变迁，他们像中国古代的儒家和道家那样分成两种观点，一种像儒家那样，入世地追求"大道之行也，天下为公"，另一种则像道家那样，避世地反思"天下神器"之"不可为"。如果将20世纪比作世界范围的战国时代，那么，儒道在春秋战国时期的争论，今天还是有值得参考的地方。"和而不同"是儒家实现"天下大同"理想的手段，而从"天下神器"到"绝圣弃智"，消除道德和知识的等级，是道家理想的国度，前者注重社会重建，后者注重知识的反思。在人类学中，实际也已经依据这个差异分为"重建派"和"反思派"。

"重建派"的人类学观点，不主张"文明冲突论"，甚至对这种论调深恶痛绝，他们关怀的是在一个文化接触日益频繁的时代，如何保留文化的多样性，同时不阻碍文化生存的基本需求。这派的人类学家以研究文化为己任，但不排斥现代文化的研究，甚至直接关注现代性的各个层次和表象，对现代文化逐步排斥不同的非西方文化的过程有深入的历史理解，对现代性本身持批评的态度。持"重建"观点的人类学家，深受社会公平理论的影响，将社会公平理论推

---

① 格尔兹：《文化的解释》，纳日碧力戈等译，上海人民出版社1999年版，第291—376页。

及到一个世界范围,认为这种理论可以用来妥善处理民族与民族、国家与国家、群体与群体、阶层与阶层、个人与个人之间的关系,也可以用来衡量特定政治经济过程的合理性和不合理性。

"**反思派**"的人类学家,有的加盟于"重建派",但真正的"反思者"对于"重建派"的入世式思考采取谨慎态度。他们是真正关切人的生活整体意义的人类学家,与我们生活的这个"变"的世界,似乎有些格格不入,在一个"天下大同"的时代依然将注意力集中在"原始部落"。但是,与其说他们在研究那些"世外桃源"时,像鸵鸟那样将头藏在沙子里,不敢正视现实,而毋宁说,相比起其他的社会科学同行,这些人类学家更关注那些与先令欧洲、后令世界着迷的现代思想和价值不同的文化类型。在这一派里,结构人类学是典型代表。在这个"变"的世界中,很多人对 1789 年法国大革命构成的历史突破仰慕依旧。可是,正是这个为法国带来高度荣誉的事件,却受到了法国人类学大师列维-斯特劳斯的反思。列维-斯特劳斯认为,大革命在人们的头脑中灌输一种将社会当成抽象思维范畴的思想,将"风俗和习惯放在理性的石磨下去磨",如果这样下去,"就会将建立在悠久传统之上的生活方式磨成粉末,将每个人沦为可以互换,而且不知其名的微粒状态"[1]。

并非所有的人类学家都像列维-斯特劳斯那么怀旧。不过,大

---

[1] 列维-斯特劳斯:《今昔纵横谈》,袁文强译,北京大学出版社 1997 年版,第 150 页。

凡是研究人类学的人，都培养了一种尊重传统的习惯。他们相信，一个人死了，他的亲属能感到他的精神依然活着，对于那些死去的先烈，我们的社会会为之树碑立传，甚至尊之为神；同样的道理，建立在悠久传统之上的文化，虽可能逐步在我们这个世界中被排挤出历史的舞台，失去他们的生命力，但它们的精神，将继续被尊重，成为人类共享的文化遗产。那么，这种被尊重的精神是什么？它有什么意义？这派的人类学家认为，正是它的"不变"。我们这个时代特别崇尚"变"这个概念，几乎将它当成生活和国家的宗旨。我们用"变了没变"来区别好坏。在人类历史的大部分时间里，在人类学家关注的那些文化里，"变"却是要不得的，重要的是怎样保留"祖宗之法"。人类学家称这种文化为"冷性"文化，它的"冷酷的稳定性"，正好与我们这个时代"热闹的变动性"形成强烈的反差。人类学家研究这些社会，就是为了给我们这个"过热"的时代寻找"退热"的药方。

无论是"重建派"，还是"反思派"，无论人类学家之间有什么样的争论，他们关心的问题依然是文化，他们关注的依然是：在一个"天下大同"的时代，人的众多创造如何能够"和而不同"地并存，依旧服务于我们的生活，令我们更真实地去理解我们自己和其他人之间的不同与共同之处，从古来的神话到当世的现实，永恒地铸造着我们人的"天下"？人类学家的这个关怀，依然可以用时间的不同表达来理解。在我们这个新的"天下秩序"里，西历的纪年已经被整个世界的各民族遵从，即使有的民族还在运用阴历、伊斯兰教历、

"迷信的老皇历",即使很多百姓还在"日出而作,日入而息",西历也要被当成"公历"来参照。新的时间带有的切分传统的暴力,使一些人不能习惯新的社会节奏。人类学家关注的那种种变迁的文化反应,要恢复的就是古老的时间观念。所有这一切能让关注现代化的人们感到世界上存在"自由主义"和"保守主义"之争,好像接受新的时间观念的人,可以被承认为新世界的新人类,而反之则属于"守旧派"。可是,人类学家还要告诉,新人类实践的新时间,也是一种社会整体现象。我们被制度要求去准时上班、准时上课等等,都是在顺从一种现代的时间节律,这个节律将时间区分为不同的空间,将我们的人身和思想节奏,交给了整个国家和全球化的"公历"来安排,"公历"也是人创造的历法,是在基督教纪年法的基础上延伸出来的——新人类的活动没有脱离文化中的历法的调节。

看别人，看自己

　　正是在限定脉络中通过长期的、主要是(尽管不是没有例外地)定性的、高度参与性的、几近痴迷的爬梯式田野研究得到的那种材料，可以给那些困扰当代社会科学的宏大概念——合法性、现代化、整合、冲突、个人魅力、结构……意义——提供那种合理的现实性，使我们不仅能够对它们进行现实性和具体性的思考，而且更为重要的是，能够用它们来进行创造性和想象性的思考。

——克里福德·格尔兹

　　克里福德·格尔兹(Clifford Geertz,1926—2006),美国解释人类学创始人,主张将社会当成意义体系来研究,其《文化的解释》为20世纪晚期以来的人类学开创了一条新的道路,他的研究视野广泛,包括人类学、哲学、文化、艺术,是当代人类学在哲学和社会科学中的主要代言人。

说这个小小的寰球越变越小,可能会冒犯那些生怕他们掌握的世界被人小看的人,也可能让那些不能忘记"人心隔肚皮"这句话的人觉得不符合常理。可是,有一个事实不能否认:在古老的时代,我们的祖宗要跨越山冈、沙漠、海峡到另一个地方去的时候,确实需要花很长时间,甚至几代人的不断旅行,而今,乘坐班机我们则能在一天之内抵达一个遥远的地方。在我们这个时代,随着交通工具的高度发达,人与人之间、种族与种族之间、文化与文化之间的交流容易多了。我们怎样借助时代给予的便利,来"离我远去",到一个他人的世界观察自己?在我们这个容易旅行的时代,我们还能不能看待"我们"与"他们"之间的差异?我们还能不能在差异中探索人共同生存的理由?我们怎样对这个变化的世界做出人类学的反映?我们不妨来看看一项个人的初步探索,来说说这些问题。

1 祖先问题的西行

我曾多次短暂地在法国停留，其中，2001年的夏天，我在那里待了四十天。在巴黎那个偌大的世界都市，有着那些据说曾经被某些不知名的华人认定为"天堂"的古老宫殿、那些著名的大学、那些闻名遐迩的时装店、那些美味佳肴和葡萄酒，我经常待在咖啡厅里"望洋兴叹"。怎样从人类学的角度研究这样一个"地方"？大部分人类学家都和我一样，不知该从何处下手，所以法国人类学家这些年流行一种叫作"无地方"的人类学。在法国的那些日子里，我选了一个合适的时机，避开巴黎，去阿尔卑斯高地的毕西仰松市（Briançon）的一个村庄进行了短期访问。是短期的访问，就不能说是"定性的、高度参与性的、几近痴迷的爬梯式田野研究"。但在从事了这些年的乡土调查之后，到法国东南地区农村做一做所谓的"田野工作"，或许能有点意思，或许能用有限的时间来试着对"那些困扰当代社会科学的宏大概念——合法性、现代化、整合、冲突、个人魅力、结构……意义进行创造性和想象性的思考"。①

这个村子叫作"Puy Saint André"，"Puy"这个词，是地方性的概念，巴黎的友人也解释不清，当地的一般人也不怎么了解，只有牧师

① 格尔兹：《文化的解释》，纳日碧力戈等译，上海人民出版社1999年版，第26—27页。

知道它的原意，从他那里，我得知，"Puy"它指的是小山，而"Saint André"，显然指的是名叫"圣安德烈"的一位天主教圣徒，因而，"Puy Saint André"中文翻译起来应该可以叫做"圣安德烈山"。据说，毕西仰松这个城镇管辖着几十个村社，而其中四个都带"Puy"这个字。这些村庄的历史很久远，14世纪时的地方文献和传说已经提到它们。与中国的一些老村庄一样，圣安德烈山经历了时间的考验，直到今天还是一个完整的活的村社。

来到圣安德烈山有偶然的因素，但计划却有着它的必然性。我在圣安德烈山要做的是基于一种"他者"为中心的人类学，对我生长的中国来说，这又是"西行"的人类学。为了初步探讨"他者"对于中国的理解、中国对"他者"的理解有什么意义，我想从"祖先社会"和"无祖先社会"之间的界限进行一次简短的跨越。这样的试验，有点像早期人类学的"推己及人"，而更像是一种"文化翻译"的探求，它难免会遭到质疑。为什么选择"无祖先"这个题目？一位意大利的人类学同行对我说，他自己也有祖先，与中国人一样。另一个在场的法国人类学者，也附和说，那是真的，她自己也觉得有祖先。对于这两位友人的观点，我不反对。世上的人，哪有没有祖先的？其实，我们作为人类，说自己是唯一具有历史记忆能力的动物，不就是因为我们知道祖先是谁吗？我必须说明的是，我原来的意思并不真是说，欧洲人没有祖先；而是说，既然在我们的印象中，纪念祖先的礼仪，是中国文化相对于西方文化的特征，那么，是不是也可以从这个概念出发，展开人类学的探索，为跨文化认识提供一种相互比较、相互衔接的角度？

我们知道,中国人长期以来将祖先意识当成是人与动物之间差异的主要方面。于是,也有人认为,正是这种祖先的信仰,使我们的文化得以区分于西方文化。矛盾的是,近代以来,不断有政治家和思想家在思考"祖先崇拜"问题,其中有些人明确地将这种古老的信仰当成是阻碍我们社会现代化的因素。无论是主张儒教的家族统治,还是主张反传统的现代主义,以祖先崇拜为线索的"家族主义",已经被认定是我们的民间传统的核心组成部分。这个说法,当然有很多根据。例如,中国的东南地区,自14世纪以来即存在"聚族收众"的村庄聚落。这种聚落社会组织的核心机制,就是共同祭祀祖先。近年来,公路、城市和新的生产设施的建设,冲击了这个地区的祠堂和"风水"。民间在谈论祠堂和建设之间的矛盾时,提出很多值得我们关注的说法,而其中之一,就是认为"祖先是人类之所以区别于动物"的观点。

祖先崇拜历史久远,它的普及,则与宋代新儒学的提出有关。来自中国的著名人类学家许烺光将以祖先崇拜为主线的家族组织(clan),看成是与西方的"俱乐部"(club)及印度的"种姓"(caste)区别开来的文化特征。[①] 许烺光的文化比较,不是孤立的。从19世纪以来,在中西文化比较研究中,就存在这种观点;推得更早一点,在17世纪直到20世纪中叶之间的三百年中,存在着一场"中国礼

---

① Francis L. K. Hsu. 1963. *Clan*, *Caste*, *and Club*, Princeton: Ban Nostrand Co.

仪之争",对于西方的罗马教廷来说,它的核心问题之一就是:祭祀祖先的中国人,能否皈依不祭祀祖先而只祭祀天主的西方宗教? 在传统团体内部,由于意见分歧而产生的纷繁复杂的现象,使我们知道,关于祖先崇拜一事,西方的观点实在不是单元的。不过,最有意思的却不是这个事实,而是另外一个事实,即,争论双方尽管持不同的态度,却共同认定祖先崇拜和缺乏祖先崇拜是中国和西方的根本差别之一。

历史上试图说明祖先崇拜与天主教"和而不同""天下混一"的人士不乏有之。例如 18 世纪的一位中国天主教徒曾说:"人无有不受性于天者,亦无有不受形于父……神主二字,固不可认真,而先人之名号爵位,与生卒于何年,墓域在何所,亦不可阙略。"①然而,在"中国礼仪之争"中形成的祖先相对于天主的比较观点,对后世影响很大。尽管这场争论已经为学者所忘记,但它代表的那种观点,在 19 世纪末 20 世纪初民族主义的政治思想中得到了延伸。当时,不同学派的政治思想家,相互同意一种观点,这就是:传统中国有"家族"(family groups),而无"国族"(nation)。在他们看来,"家族主义"的根源在于不同家庭自立的"祖先崇拜","国族"观念则产生于超越地方性、私人性家族的集体意识。为了建立现代"国族",家族和它的祖先意识,必须被替换为"国族"和"国家意识"。

---

① 转引自李天刚:《中国礼仪之争:历史、文献和意义》,上海古籍出版社 1998 年版,第 368 页。

　　这样的论调虽显老旧，但在人类学研究中还是时隐时现。在中外人类学中，"祖先"用来代指被人们纪念的先人，而这些先人又与"祖先信仰"（ancestor cult）、"祖先崇拜"（ancestor worship）相关的宗教实践构成密切关系。倘若用"祖先"这个概念来勾勒一幅民族志的世界地图，那么，我们就能看到，"祖先"这个概念在欧洲这块大地上完全是不存在的，而在非洲、东亚、印第安人时代的美洲、太平洋岛屿等地，民族志的印记却随处可见。用许烺光的话来说，这些非西方、非欧洲的人们，是在"祖先的阴影下"生活的；而出了这些地方——如到了西方，社会生活的面貌则完全不同。在西方汉学人类学中，"祖先崇拜"的研究，也得到了广泛的关注。有人认为，作为祖先崇拜核心场所的祠堂，与中国村社的共有财产密切联系起来，构成中国基层社会经济结构的基础。关于中国民间宗教与仪式的研究，从另外一个角度考察了祖先崇拜，认为祖先与中国人的"神""鬼"信仰共同构成了村社共同体的界限，祖先从内部界定村社，神鬼从外部界定同一社会空间整体。汉学人类学家并没有说明这种社会—经济及宗教—文化共同体是否是中国的独特现象。但他们的论述给人一个印象，好像以祖先崇拜为内核的村社，完全缺乏现代社会的整合机制。那么，在一个不像我们那样崇拜祖先的地方，社会生活如何成为可能，如何可以被我们这些崇拜祖先的人所理解？

2　圣安德烈山

从巴黎到毕西仰松，可以在奥斯特里兹（Austerlitz）车站搭乘过夜的火车，夜间10点零5分出发，第二天清晨8点45分即可抵达该地。古老的毕西仰松，与其他地区一样经历了新石器时代到罗马帝国的征服，也曾是法国东南地区的"王储"居所。老城离意大利边境仅13公里，位于一座不高的山上，从外观看去，像一座坚固的城堡。在老城的内部，古老的街道却已成为游客的游览范围。旧有的神圣性，被世俗的娱乐形式所取代。许多临街的老房屋，也打开了他们的大门，设置了密密麻麻的旅游纪念品商店和展示当地古代文化的展览馆。老城的山下，就是后来兴建的城镇商业中心，它的外观远比老城难看，不过，商业街的各种商店、饭店和饮料店，却为来往的过客提供了便利的服务。

从毕西仰松南口出去，驱车上山，经过弯曲的山路，爬上山麓，即可到达圣安德烈山。圣安德烈山听起来遥远，却只离这个古老的城市五公里。这个位于毕西仰松西南山坡之上的村庄，它的房屋依山坡的形式而筑，从上面往下看，一条美丽的河谷出现在我们的眼前。与圣安德烈山接邻的，还有其他三个小山村叫做某某"Puy"，东北有"Puy-Sait-Pierre"和"Puy-Richard"，西南有"Puy Chalvin"。在圣安德烈山的东南，还有两个别的村庄，一个叫"Pierre-Feu"，另一个叫"Clos du Vase"。虽然这些村子距离很近,但它们之间由小山包所隔离,之间的界限十分明显。

对于这四个"Puy"(山村),14世纪初期开始有了文献记载,那时地方政府开始设立了村社行政制度,在此地划分地权,征收农税。据毕西仰松市一位大神甫说,在此之前,圣安德烈山一带被城里人误认为是魔鬼之地。从10世纪到13世纪,这个山脉的上沿,夜间市场有"鬼影"出没。其实,这些"鬼影"中有一些就是圣安德烈山的居民。他们在那个古老的年代,既从事畜牧,又在意大利与法国边界的走私贸易中充当某种角色。到14世纪初期,毕西仰松开始实行严格的地方管理制度,设立了城市、区镇(escarton)和村社(commune)三级管理制度。这些地方行政区划具有军事、自卫、政治、经济和宗教空间控制的综合功能。从那时起,作为村社的圣安德烈山即已被规划于地方行政的区域范围之内。大约也是在14世纪,四个山村之间对于山地占有权的竞争,逐步为政府所平息。在这一过程中,圣安德烈山获得了比较固定的畜牧和农耕土地,此后一直延续至今。

今天的圣安德烈山,村落空间的中心是一个不小的广场。广场的北部,有一座叫作"Gîte"的小旅馆,主人是一个当地的旅行家,身在世界各地探险,将这家旅馆交由一个来自比利时的友人管理。这个比利时人的女友是一个管理餐饮业的专才,既美丽又能干,将"Gîte"整理得干干净净,并且时常招徕比利时同乡。圣安德烈山的"Gîte"近年也有很多儿童活动。村子里的人家,在假期经常迎接在外上学的儿童前来度假,而邻近地区的学校,也时常组织学生前来这个古老的山村感受一般人民生活。"Gîte"往东,有一所传统的大屋子,居住着一位老年妇女,据说是这个村子中仅存的老矿工,她的房子经过扩建,房前栽种了不少花木,使老屋子显得特别漂亮。房子再往东,有一个山泉的汇集处,当地叫做"la fontaine",也就是"泉水"。在"泉水"东边数十米处,就是本村的教堂。

从聚落的分布看,圣安德烈山大体上分成三片。"Gîte"南边的斜坡和东西两边,居住着这个村庄的老居民。往北沿着村庄的小路,东边分布着一片在1950年之后的二三十年间建设起来的住宅;西边则有一片完全新建的别墅区,是这几年才兴建起来的。老区的居民,自认为是这个地方的主人;而两个新区的居民,大多从大城市移居而来,其中有人拥有两个地方的公民权,在这里的房子,无非是他们的度假别墅和"退休之家"。据说,当地的人家已经住在这个村子好几个世纪了,而新来的人家则是在1950年之后逐步搬迁进来的。据称,那个时候,法国总统戴高乐将军为了建立工人假期制度,将毕西仰松地区建成了工人和公务员度假场所。有些外来的移民,是从那个时候开始认识并爱上圣安德烈山这个地方的。

在相当长的历史时间里,圣安德烈山是一个畜牧业山村,人们从事畜牧和奶酪的生产。1950年以来,作为生计的畜牧业逐步衰落,而当地人口从1954年到1975年因大量向外迁移而锐减。据当地政府的统计,在1850年,圣安德烈山曾有424个居民,而1950年则减到175人。不过,1978年以来,由于外来人口和还乡人口增加,这里的居民人数已逐步回升到1950年以前的水平。现在全村的常住人口也不过三百人，在这近三百人当中，只有2户是从事传统畜牧业的，其他有的在镇里上班，有的是退休人员，有的在外地从商。

与中国正在受都市侵袭的村庄一样，圣安德烈山现有居民的社会经济关系是不平等的。根据村社委员的介绍，圣安德烈山现有的居民可以分成四等人。其中，第一等是来自外地的公务员、商人、教师，他们是有稳定收入的；第二等是退休的公务员和教师，收入也比较稳定；第三等是在毕西仰松打工的村民，收入虽不十分稳定，但也有一定的保障；最后一等是当地没有职业的农民，他们非常贫穷，对这个时代也不理解，对外来的居民有怨恨之感，认为是这些人抢了他们的饭碗。可是，外来的居民对当地的贫穷居民，也同样有着偏见。他们中有人说，圣安德烈人习惯于懒散的生活方式，不求上进，在他们自己的生计丧失了生存条件之后，就变得别无他求，好像完全是这个世界对不起他们一样，对自身的责任不加追究，对外来居民的财富有嫉妒之心。外来人与当地人之间的矛盾，进一步表现在对土地的占有权上。显然，外来居民比当地人有钱，这样，他们就能够购买当地人原来拥有的土地。可是，为了保护自己的祖先传下来的土地，有的当地人即使身无分文，也不愿让外地人来买走自己的土地。

外来人与当地人之间的隔阂，也鲜明地表现在姓氏问题上。我很惊讶地发现，在现代社会如此强大的西欧，在法国农村，圣安德烈山在传统上竟然是一个人类学家用来形容某些中国农村地区的"单姓村"(single surname village)。1950年以前,圣安德烈山的所有家户,都以"胡塞"(Roussett)为姓。他们与邻近村庄的"外姓"形成比较固定的通婚关系。一年当中,村子举行数次舞会,让年轻男子邀约外村的少女前来参加,在舞会上形成恋爱关系,之后结婚生子的例子颇多。据一位老年村民说,他年轻时,女友来自隔山的村庄。他有时翻越山岭前去与她约会,而她有时也翻越山岭来到圣安德烈山参加舞会。他们后来没有结婚,因为他离开家乡去巴基斯坦开卡车,但他的朋友很多与附近的妇女结婚。与当地人不同,外来人来自不同的地方,他们之间在传统上没有固定的关系,他们的聚落因而是"杂姓"。例如,我的房东太太的丈夫,是一个波兰人,他的父亲曾移居美国,后来与儿子迁到法国长住。儿子后来成为地理学家,结识了我的房东太太,因偶然的机会,来到圣安德烈山,爱上了这里的环境,决定买一所房子,安度晚年。房东太太姓丈夫的姓,显然是个波兰犹太人姓氏,她与隔壁另一法国家庭,姓氏完全不同,却有深厚的友情。

与法国农村的千千万万个村庄一样,圣安德烈山管理公共事务的机构是民选的,法律规定拥有第二居民权的移民与当地人一样,有选举地方长官的权利。从制度上讲,外来人和当地人在法律面前人人平等。但事实却远比法律文件上说的复杂。这里的"村长"叫做"Mayor",意思和"镇长"差不多,中国人听起来有点像升了一级似的,不过当地人听起来很正常。"村长"领导下的村民代表会,也是民选的。有意思的是,圣安德烈山不曾有外姓的村长,现任的村

长是个姓"胡塞"的,村民代表会的5个委员,只有一个是外姓,其他
全部姓"胡塞",特别像中国农村的情况。那个"外姓"的村民代表
曾经跟我说,"他们"(胡塞家族)很团结,对外来居民很不客气,总
是想保护自身的利益,与一个现代民主社会的精神大相径庭,令人
遗憾。这个说法,当然与这个"外姓"村民代表的权力斗争有密切
关系,但却也比较贴切地反映了村庄地方的政治面貌。

　　一如中国宗族村社,同姓的"胡塞"支配的村社,对于村社公有
土地有着相当大的支配权。圣安德烈山共有1537公顷土地。其
中,森林224公顷,坡地1118公顷,可耕土地154公顷,都市化地产
41公顷。这里头,50%以上的土地占有权归村社公共所有。其中,
历史上村留下来的公有土地是一部分,1950年以来向外迁移的村
民留下的土地是一部分。村社政府完全拥有售出或租让这些土地
的权力,这使它的权力大大超过我们的想象。于是,有不少人乐于
竞争村长的职务,在村民代表会选举中花大力气收买人心。

3　山泉、牧场、民居、面包窑

　　"一方水土,养育一方人。"这是中国人用来形容地方与人之间
关系的俗语。喜欢归纳的人必然将这句话说成是一种民间的地理
决定论。其实,它所隐含的道理,远远比地理决定论要复杂。它的
意思是说,不同地方的人,都有不同地方的特性,而这种特性与他们

所处的地方本身关系十分密切。可是,"地方"是什么？在这句俗语当中没有答案。人类学家们花了整整一个世纪在研究"地方",但直到最近才有人提出,这样一种"地方的感受",曾经被误认为是诸如文化对于"空间"的界定,误认为"空间"先于地方存在,实际上却是人类生活的一种普遍经验。

过去一个世纪的中国思想,也给人灌输着近来才被反思的"空间决定论"。不仅如此,有些理论家还时常将我们自己的"地方感"与我们那种"一盘散沙"式的"地方主义"相提并论,认为我们的共同体意识过于"家庭化""群体化",从而缺乏超越地方的"国族主义"。更有甚者,在一些中西文化比较学者那里,西式的国族"团体意识"与中国人的"家庭—地方观念"之间的差异,时常被推及到西方宗教与中国"礼仪"之间的差异。例如,著名中西文化比较研究家梁漱溟先生曾在其《中国文化要义》一书中引到同行张荫麟的一段话,来解释他对中西文化之别的看法。张荫麟的原话如下:

> 基督教一千数百年的训练,使得牺牲家庭小群而尽忠超越家族的大众之要求,成了西方一般人日常生活呼吸的道德空气。后来(近代)基督教势力虽为别的超越家族的大众(指民族国家)所取而代;但那种尽忠于超越家族的大众道德空气,则固前后如一。①

① 转引自梁漱溟:《中国文化要义》,台湾五南图书出版公司 1986 年版,第 74 页。

梁漱溟的《中国文化要义》关注的问题,是基督教的超越与中国家族主义的不超越之间的比较,而梁漱溟本人花了更多的笔墨,去论证中国不存在宗教因而不存在超越家庭性这一论点。比这部书出版早一点,这位文化比较的大师,已经花费了很多心血去村社中推动"乡村建设运动",试图将农民从他们的家族—村社中解放出来,使他们变成超越家族—村社而"无地方感"的公民。从近代中国民族国家建设的历史来看,梁漱溟的中西文化比较表面上宣扬"基督教的超越性",事实上与来源于他那种"具有中国特色的"民族主义思想,而这种思想在整个20世纪被知识分子和政治家广泛接受。

在过去的中国农村调查中,我也十分关注梁先生所说的文化差异,集中考察"民族国家"与"社区"(共同体)之间在历史上的互动。我也能同意,相对于西方基督教传统而言,中国的宇宙观的确相对缺乏家族和地方的超越性。然而,这次在法国圣安德烈山,我却不无惊讶地看到,像我们这样的"家族感"和"地方感",在这个西方宗教根深蒂固的村社中也广泛存在,而且,这种存在似乎与宗教的大传统不仅没有矛盾,反而结合得十分紧密。

在毕西仰松地区,村社地方感表达的公共象征之一,是每村必备的山泉汇集处,我上面说到,这在当地被简洁成为"泉水"。在圣安德烈山,这个山泉汇集的人造小池,位于接近村庄中心的地带,与村社教堂、旅馆形成一条三点一线的地平线。我到圣安德烈山的头一天,房东太太在院子里给我讲起了一个让她感动的故事。三十年前,她刚搬进这个小村庄,没有左邻右舍,房子四周只有荒地。离她的房子不远,住着一位上了年纪的老太太。那时,迁居到别的地方去的村民很多,村庄里气氛十分冷清,因而这位老太太见到有外来人到这里居住,十分喜悦。老太太一生做了一些默默无闻的事情。其中一件让村民们感恩戴德的事情,是她一人静悄悄地把古时候留下来的山泉引水沟进行了重新修整,使一段时间里泉水不再的村子,重新有了生命力。房东太太说,这位老太太是几年前才去世的,去世以前,一直热爱她的故土,不愿离开她的村庄。她的遗体,也安葬在村社教堂的后院。陪伴她的一位亲戚,后来移居毕西仰松的养老院,她因不习惯城市生活,不久也随之去世。

房东太太在谈到村社的泉水时,总是把它的意义与这位已故的老妇人相联系。其实,在毕西仰松以至整个阿尔卑斯高地,人们观念中的泉水,又与"源泉"(source)这个概念互用。在这个地区的宗教传统中,流行一句口号"L'eau, la source... la vie",它的意思是说:"泉水就是生命。"在教堂分发的传教品中,这句口号被广泛引用,它的特定宗教含义,当然是天主教的"精神源泉"(天主)的延伸。不过,在这个生活离不开山泉的山区,"源泉"这个概念给人们的地方性感受,也是十分强烈的。在一定意义上,泉水不仅象征着村民对它们的村社集体生命的认同,而且也象征着他们的地方感受与宗教感受的复杂混合。作为当地公共符号的组成部分,山泉和它的蓄水处,依然是人们感受他们的生活环境的媒介。

在圣安德烈山,与村庄一样古老的牧场,也具有这样的意义。这个包含丰厚的牧草的牧场,自古以来必须经过相当长途的跋涉,才能抵达。它的地名是"Les Combes",位于海拔1853米的高山上。据说,为了保留村民对于这个优良的牧场的占有权,几百年前圣安德烈山的村民曾与接壤的一个村庄展开长期的械斗,就像中国东南地区农村以往的械斗一样,两村为了争夺一片"风水宝地",打得死去活来。后来,圣安德烈山的村民利用他们与"海豚王子"之间的裙带关系,在法庭的所有权判决时夺取优势,成为牧场的集体拥有者。

现在,除了个别家庭以外,圣安德烈山的村民再也不从事畜牧业了。但是,当地的新老居民对这个牧场都怀有深厚的感情。有不少人在牧场上保留古老的房屋,有时上山度假,住在牧场屋子里重新温习牧民的旧日情怀。这些屋子既低又矮,我去参观时都觉得难以进得了那么低矮的门。在以前,村民只在夏天时才来牧场放牧,那些小屋子无非是他们暂时的住处,因而也就不那么讲究,简单施工后就建筑起来了,屋子之所以那么低矮,是因为可以节省建筑材料,同时也是因为几百年前,圣安德烈山的牧民个子都比现在矮小得多。可是,这些低矮的小屋,在怀旧思潮盛行的今天,却已经被外来的居民当成古董来保护,它们的低矮成就它们的美丽。不管是外来的居民,还是姓"胡塞"的家族,对于这些房子都心怀珍惜之情,因为它们似乎为圣安德烈山这个地方塑造出了另外一个独特的文化特征。

除了山泉和牧场之外,圣安德烈山的另外一个知名的文化遗产,是当地的民居。在我看来,这种民居与我熟悉的福建山区的那些老房子很相近——二者都是人畜同住。典型的老房子是两层楼,下层分成两间,一间是牲口的住处,空间很大,也装人吃的粮食,旁边有一间小一点的,厨房、餐厅合一,有时供人睡觉。楼上,过去一般供人居住,同时储藏草木燃料。有的老房子有三层楼,但比较个别。显然,这种老房子在阿尔卑斯高地,分布比较广泛。现在,很多老居民还住在这种房子里,他们将牲畜的住所改装为储藏间、停车库等,有的将房子维修得很好,有的已经废弃不用了。在外来人看来,这种旧式的房子,只能是当地的老农民过去日子的遗留物。不过,村民们总是要对来访的过客提到这些房子。我到的第二天,就有人带我到一所被遗弃的旧房子参观。一位老年村民还热情好客地解释个不停,说这种旧房子,是圣安德烈山村民特有的民居,过去几年有好些建筑史专家来考察过,而许多有关法国农村文化遗产的书籍,也将它们载入史册了。

让圣安德烈山村民感到骄傲的,还有位于村北山上的面包窑。现在,这个窑址已经被维修成一个博物馆,有一位专职的讲解员在那里值班。看来,来访的游客不会太少。村里的老人都记得,几十年前,这个面包窑在他们的日常生活中很重要。面包窑归全村集体所有,每半年为每个家庭开放一次。在使用面包窑烧制面包的时候,家庭与家庭之间形成秩序井然的先后顺序。轮到某一家庭时,他们的家长已经将面粉准备好,送来窑里烤制,烤出来的面包的数量很多,可供半年之用,它们被存放在牲畜休息的那间房子里,与牲畜的粮食放在一起。过去的村民,因为这个地区气候干燥,面包不容易变质,而在长期的历史中,不少老村民形成了喜欢发霉面包的习惯,他们不仅不在乎发霉的面包,而且还很喜欢。

山泉、牧场、民居、面包窑,这些带有历史记忆的地方公共符号,现在虽然被村民和来客形容成观光的对象,但它们在历史上显然有着实际用途。其中,民居是家庭生活的主要空间,而山泉、牧场和面包窑则全部属于村社集体。三十年以前,自来水还没有引进村庄,位于村子中心的山泉汇集处,是村民汲水的唯一场所。据说,以前来这里汲水的村妇,都会在泉水旁边停留很久,把这个地方当成她们说闲话、聊天的场所,村里的某某做了什么超出一般人想象的好事或坏事,都会在这里被曝光、讨论和“判决”。位于山上的牧场,在过去的六七百年中,一直属于全村共有。在这长远的历史时期里,它的使用制度必然是变化的。曾经一度,它属于政府法定的“份地”(condamine),由份地的领主负责分配使用权,并必须向领主交纳一定的地租。但法国南部农村公社制度十分完善,在历史发展的过程中,村社公有制一直与领主制并存,并与当地家族共同体勾连起来,形成公私结合的土地关系,延续存在于这个地区。牧场可以说既是当地家族共同体的生产方式的表现,也是家族共同体内部家庭与家庭之间关系的表现。对于家庭与家庭之间如何分配牧场的空间单位和时间次序,我们缺乏充分的历史证据来分析。但是,有一点却是明确的,这就是:这个集体所有的牧场,其地方集体所有制度的合法化,与法国历史上的领主制度有关。但从实质上,它却又与地方村社内部的社会结构形成相互印证的关系。面包窑也是如此,它的兴建,靠的是集体的力量,它的使用次序,也依据集体内部的家庭分类来安排。

倘若法国农村有什么历史传统的话,那么,这个传统看来与中国农村的许多地区有很多相似的地方。在中国农村社会经济史的研究中,最著名的命题之一是历史学家傅衣凌先生的"乡族地主"理论。这个理论认为,中国——尤其是中国南方地区——长期以来存在对土地的家族共同体集体占有制度,这种制度与所谓"封建社会"的私人地主土地占有制和生产关系之间,存在很大的不同,它的特点是很难分清什么是集体的、什么是私人的。[①] 中国南方村社制度的这种特性,延续到明清时期,使当时的资本主义萌芽受到了强大的制约。以土地所有制为中心的中国农村社会经济史,与中世纪晚期、近代初期以"圈地"为特征的英国地产制度,构成了鲜明的差异,这一差异的核心内容是中国"乡族势力"的长期延续。

从文化的角度来延伸这个论断,即能推断出诸如梁漱溟等人的中西文化比较观,推断出村社共同体意识与民族国家意识的宗教根基的不同与矛盾。然而,在西方内部,社会组合的模式,显然也是存在内部差别的。在圣安德烈山,我看到的那些历史遗迹,表面上无非是让村民感到骄傲、让过客感到羡慕的"法国民间文化遗产",但

---

① 傅衣凌:《傅衣凌治史五十年》,上海人民出版社 1989 年版。

在它们的深处,却隐藏着一部值得我们去进一步认识的法国村社史。法国人虽然因信仰天主教,而不举行家族集体的祖先祭祀仪式,但从圣安德烈山的那些公共符号来看,以家族共同体为核心的村社制度,在历史上其实是有着深刻的影响的。在《法国农村史》一书中,著名的法国年鉴派史学家布洛赫(Marc Bloch)考察了古代、中世纪、近代早期法国农村社会的经济基础与生产制度。他认为,在历史上发生的一些事件,使法国近代化的模式与西欧的其他国家——尤其是英国和德国——区别开来。在中世纪,法国与其他欧洲地区一样,存在庄园制度。但是,法国独特的庄园制度与农村的村社长期并存。16世纪以后,欧洲开始农业革命,英国和德国的农业逐步形成了以大地主经营的、围圈起来的大农场为主的局面。在法国,情形却有所不同。这里,除了个别例外,占统治地位的一直是农民的小土地所有制,土地一般由农民个人经营和村社经营。由此,布洛赫在法国得出了一个与傅衣凌在中国得出的相似的结论:

> 土地形状上的传统主义,共同耕作方式对新精神的长期抵抗,农业技术进步的缓慢,这一切的原因不都在于小农经济的顽固性吗?远在王家法庭最终批准法律承认自由租地耕作者的权利之前,小农经济就名正言顺地建立在领主的习惯法基础上,并且从地多人少这一现象中找到了它经济上存在的理由。[1]

---

[1] 布洛赫:《法国农村史》,余中先、张朋浩、车耳译,商务印书馆1997年版,第268—269页。

布洛赫本人如果在世,他肯定不会反对我去联想法国农村的过去与法国"农民心态"的现在。一位从一所大学退休的建筑学教授,几年前在圣安德烈山买下一块土地,修建了一所房子,他现在是村民代表会的唯一外姓委员。在闲聊之间,他说圣安德烈山的村民很保守,心态落后,对外人很排斥,当有像他这样的外人来买地时,村民们总是表现出反感。我私下想,这位外来村民代表这一番话语,一定与他自己跟其他本村、本姓的村民代表之间的权力矛盾有关系,因而不一定是公正的评价。但是,这里的村民给我留下的印象,与我研究过的那些中国农民给我留下的印象,有很多相近之处,而从布洛赫意义上的土地生产关系史来看问题,我觉得"小农经济""小农意识"的说法,或许也有它的道理。

我在英国住过几年,也到过那里的农村。从印象上看,英国的农村与法国截然不同,那里的村子住的农户稀少,一般一个家庭占有一大片牧场或耕地,是典型的"农庄"(farm)。而在法国,聚族而居、土地共有制度和那些浓厚的地方意识,却使我们想起中国农村的社会面貌。从地方象征中的山泉、牧场、民居、面包窑来推论历史上的小农经济,当然有过度解释的嫌疑。当今研究地方意识的人类学者,可能更注重传统如何被再创造的过程,他们可能认定圣安德烈山的山泉、牧场、民居、面包窑是被当地人发明出来建构地方认同的表象。对于旅游的过客来说,这方面的意义可能不被理解和接受,而对于那些从事文化解读工作的人类学家而言,它的人为性实在是一个值得分析的问题。然而,在我看来这种人为性虽然有,但是也包含着某种历史的真实,因为我们从中找出的文化特征,不能说完全没有根据,它们其实反映了法国农村历史的某一值得关注的过程。

4 天主与雪山圣母,"社"与"会"

法国历史上村社过程的研究,除了布洛赫那部视野广阔的名著以外,近年出版的勒华拉杜里(Emmanuel le Roy Ladurie)的《蒙塔尤:1294—1324年奥克西坦尼的一个山村》也是一部有杰出贡献的论著。[①] 这部著作的资料来自14世纪初期法国南部纯洁教派宗教裁判所的审案文件,它自身提供了在归入法国领土的过程中,天主教纯洁派所起的作用。故事的情节主线,是宗教裁判与法国南部农村"异端邪说"之间的交锋,而它呈现的内容,则是这个地区在宗教正统化以前的社会生活,涉及性、家庭、经济、社会关系、民俗与社会心态。勒华拉杜里的描述,给人留下的第一印象,是其资料分析的细致入微。而我自己在阅读这部作品的过程中,深深地意识到,勒华拉杜里的著作,为我们在西欧的内部挖掘出一部被掩盖的历史,这部历史的核心内容,正好与我们通常被告知的那种"法国文明的大传统"不同,深刻地反映了法国农民文化的基本特质。在一定意

---

① 勒华拉杜里:《蒙塔尤:1294—1324年奥克西坦尼的一个山村》,许明龙、马胜利译,商务印书馆1997年版。

义上，这一文化的基本面貌，与东方的"亚细亚生产方式"或许更为相似，而与我们印象中的正统基督教理性大相径庭。

以严谨的历史时间为准绳，人们可能从勒华拉杜里的叙事当中发现一条历史演变的线索。从纯洁派进入奥克西坦尼的那个山村以前，到它完全占据这个地区，确立宗教和教区的正统地位之后，法国南部的农村，可以说经历了从"农民信仰文化"到"天主教宗教文化"转变的过程。从理论上说，这个转变过程的结局，就是分散的农民"异端邪说"的衰落、正规的天主教堂的兴起。然而，奥克西坦尼的叙事，给我们留下的印象，远远要比这种直线式的"宗教进步论"复杂。尽管到 14 世纪的后期，南部农村已经完全被纳入法国版图，这个区域内部的文化也逐步为正统教派所掩盖，但在漫长的中世纪和近代化的过程中，像布洛赫描述的那种独特的、具有法国农村特质的变迁与延续，一直影响着这个区域。这也就意味着，在正统化的过程中，农民自身的文化并没有完全被取代；相反，面临着"顽固的异端邪说"的正统教派，为了产生影响，必须从中汲取养分，将之纳入宗教正统性的范畴之内。也就是说，奥克西坦尼描述的"沾染异端思想的人和纯洁派教士"之间的鸿沟，其实是表面的，实际发生的情况是：二者在具有相互敌对特征的互动过程中相互汲取对方的养分。

在圣安德烈山，地方认同中的历史，类似于中国"小农"的"传统主义"，其成因在于布洛赫所说的"土地形式"长期延续着的共同体集体占有制，同时也说明法国宗教大传统在"统一国家"方面只是成功了一部分。据毕西仰松的一位主教说,这个地区天主教正统地位的确立,时间大约也在 13—14 世纪。对于此前地方农民信仰的状况,我们今天缺乏像《蒙塔尤:1294—1324 年奥克西坦尼的一个山村》那样详细的历史记录。然而,有一点是清晰的,即,在这个时期以前,农民宗教的信仰,在后来引入的正统教派看来,是"异端邪说"。例如,现在圣安德烈山的村民每个星期二还到山上去祭祀"雪山圣母"(Notre Dame des Neiges)。今天这个圣母的塑像,与法国其他地区圣母的塑像区别不大。但是,她的历史,却完全是地方性的。主教说,"雪山圣母"在历史上曾经是一位被圣安德烈山人崇拜的"大湖女神",她的雕像和神龛位置在今日"雪山圣母"教堂附近。有一天,我上山去参观这个教堂,发现"雪山圣母"教堂后面,确实有一个大湖,无非现在的水所剩无几。据牧师称,这个女神变成"雪山圣母"的时间大约在公元 13 世纪,那个时候天主教才逐步在当地确立自己的地位。

现在,圣安德烈山姓"胡塞"的村民,每周二总是有人去"雪山圣母"教堂朝圣,这种礼仪与我们在中国称为"进香"的礼仪很相似。与中国的"进香"一样,欧洲的朝圣活动是超地方的。这座"雪山圣母"的教堂,因而建设在山上,离村庄很远。过去,人们要花半天时间步行上山。现在,为了发展旅游业,毕西仰松建设了一条从市中心到山上的缆车(la télécabine),只要 15 分钟就可以到达。在一般印象中,欧洲的朝圣仪式是个人自发的、超越个人的行为。在圣安德烈山,表面上也是这样。"雪山圣母"的朝圣,与中国进香的仪式有所不同。我们的进香仪式,一般是村社、市镇集体组织的。在进香仪式中,我们也强调集体游行的场面。在圣安德烈山,朝圣的人们虽然有时也依据社会关系而成群结队地进行,但到山上的教堂以前,没有举行任何集体仪式,只是到了山上,才有神甫讲经说道。从一个角度看,"雪山圣母"的崇拜,甚至也不能说是地方性的。在毕西仰松整个教区,每年颁发一张列有村社节庆活动的时间表。从上面看,每年7月,圣安德烈山的"雪山圣母"节庆(la fête),欢迎各地的人士参加。然而,说"雪山圣母"崇拜完全没有地方色彩,也不符合事实。其实,在圣安德烈山,很多村民还把"雪山圣母"当成他们的"地方神"来对待。姓"胡塞"的村民对圣母十分尊崇,而在同村居住的外姓,则很少有人愿意参加星期二的朝圣活动。

同样的现象,在村民对待天主教堂的态度上,也得到深刻的表现。我到圣安德烈山时,村教堂正在进行维修,因而我没有机会参观这里的宗教活动。但是,据带我去教堂一走的当地人说,平时参加教堂礼拜的村民只占全村人口的10%左右。从外地迁移来的居民及在本地拥有第二公民权的村民,向来不参与这里的礼拜,他们有的在原来的老家就有自己常去的教堂,对圣安德烈山的教堂没有归属感,有的根本对宗教礼拜活动没有兴趣。虽然"胡塞"家族的人也只有一部分参加活动(主要是老人),但是他们却认为这个教堂很重要。这次教堂的维修,在外姓看来没有什么必要,但村民代表委员会的大部分委员姓"胡塞",却很舍得在这上面用钱。

教堂对于当地村民的生活,确实有它的重要性。姓"胡塞"的村民去世以后,以家庭为单位被整齐地埋葬在教堂的后院。每年到了他们的生卒纪念日,总有他们的家人来献花。对于其他人生礼仪而言,教堂的意义也一样重大。在我调查过的中国福建地区,人生下来,为了保佑他一生平安,家长要为他安排祭祀"床母"的仪式。在欧洲,在教堂受洗则被认为是必要的。对于已经确立正统地位的天主教来说,最好所有的婴儿在生下来以后,依据全国统一的规定在特定的时间受洗。然而,在整个阿尔卑斯山区,尽管受洗的方式大体一致,传统上受洗的日期却有很多地方性的讲究。

从宗教信仰上看,圣安德烈山似乎与法国其他地区完全一样,将神圣的秩序奠定在超地方的"天主"和"圣母"的信仰之上。但是,从作为宗教活动核心的仪式来看,圣安德烈山的"宗教"却显然具有一种难以抹杀的地方性。信仰与仪式的分离,对于从事宗教研究的西方人类学家来说,可能是值得在理论上辩论的事情。在宗教人类学中,长期存在仪式论和宗教—宇宙观论的争辩。前者认为,研究"宗教的事实",必须从信仰者如何做出发,从他们的仪式行为来分析他们的社会性;后者主张,研究同一事实,必须从人们的思想、思维方式出发,探知不同宗教的世界观与民族精神。如果我们硬要这样争论下去,那么,我们从圣安德烈山的宗教信仰与活动中看到的,可以说是一种"精神分裂"的状态。一方面,这里的宗教信仰,其基本形态确实是根据法国天主教的模式来塑造的,因而在"精神上"是超地方的天主崇拜。另一方面,这里的宗教象征和仪式,又被当地人理解为具有相对的地方性,与西方基督教传统追求的"超越"有相当大的区别。

在中西文化比较研究中,诸如此类的矛盾统一,向来被学者一笔勾销。20 世纪的中国,试图从宗教差异来说明文化差异、从文化差异来说明国家命运差异的文化比较研究者比比皆是。他们的宗教文化比较方法各自不同,但基本的"原理"却只有一个,那就是,将本来可能在西方社会中存在的那种"分裂状态"再度分裂成中西文化的差异,将宗教的"超越性"归属于"西方",将仪式的"地方性"和"一盘散沙状态"归属于"东方"。虽然我在圣安德烈山的调查时间十分短暂,但是却从中得到一个强烈的印象:或许被分别归属于"西方"和"东方"的所谓"文化特征",无非产生于同一个"西方",或许我们之间的差异并没有人们想象的那么大。胡适曾经指出,中国人的信仰甚至可以说是包容性最大的宗教,它广泛地包含了超越的"天"、具体的地方性、家族性的祖先信仰及基于"功德"观念的"圣人信仰"。① 尽管梁漱溟等倡导"西方主义"的思想家反对这种观点,但我们不应否认西方宗教除了代表超越性的"天主"和"圣人"(saints)之外,其仪式的实践确实也含有地方性色彩。

地方性与超地方性的矛盾统一,早期中国社会学家隐约地有所意识。20 世纪初期以来,中国最早的社会理论翻译家们,曾经用"群"来翻译社会(society),"群"的意思是群体(group)、聚集的人群(gathering)、"众"(mass),与"society"的原来意思,风马牛不相及。

---

① 转见梁漱溟:《中国文化要义》,第 100 页。

后来,人们才采用古代汉语的"社"与"会"两个字来翻译"society"(社会)。社会理论的翻译,同中国与日本之间学术概念的交流,有着密切的关系。不过,我这里感兴趣的是"社"与"会"如何与欧洲"社会"构成相互反映的关系。在中国社会学研究的实践中,"社"形容的大抵是"社区"或"共同体"(community),而"会"形容的则是"社会"。许多学者知道,这两个汉字翻译的两个社会理论的核心概念,在欧洲社会学和社会人类学中,占有极其显要的地位,它们所指的正是欧洲社会关注的中心论题,及"共同体"向"社会"的演化。然而,很少有人去真正探讨一个重要的跨文化对话的问题:中国的"社"与"会"原来的意思指的是什么? 是否真的能够表达"society"的意思?

回归到这两个汉字的语义学上去,能发现它们表达的,与"society"表达的有一个重要的不同之处。在欧洲,"society"的都市根源是显而易见的,它原来指的就是某些市民的会社、团体、联盟,后来被学者转化为与"community"相对应的、政治地理空间上与民族国家相重合的整体国民社会。在学术史的演变过程中,这个概念又进一步与社会决定论的想法相联系,与"集体表象"(collective representations)概念相区分,指决定着人们的集体思维、记忆、叙事、对话的"社会事实"(social facts)。现在的中国社会学界基本上也采取这种社会学的决定论,学者们虽然沉浸于形形色色的"本土化"号召中,但是倾向于采取马克思的政治经济学或涂尔干的社会学主义思想来解释"社会"。他们没有看到,中国汉字里的"社"与"会",其本来面貌与它们被用来翻译"society"时的意义，其实是不一样的。

在长期的历史过程中，"社"指的是与土地崇拜有关的礼仪，在"社稷"这个概念中演化成"国家"的礼仪与象征，综合了土地和五谷（社稷中的"稷"），表达古代社会中农业作为立国之本的意义。"会"则指超出了固定的土地和农业聚落意义的社会联系，它可以指"会党""行会""迎神赛会"等等。我们比较明确的是，到了10世纪前后，"社会"在官方的仪式经典当中，指的是"郊社"的制度，是一种综合了社稷祭祀制度与"郊祀"的坛禅祭祀制度。在帝国的城市中，这两种制度的结合，构成了国家象征在地方得到落实和表现的基本框架。"社"一般在城市的中心地位举办，而"郊祀"则在城市的四周举办。两者之间的区分，有点像法国农村的村社教堂（church）与朝圣堂宇（chapel）之间的区分。同时，在民间，"社会"被引用来指邻里当中举办的地方神祭祀仪式，而"会"则直接地指"迎神赛会"。"迎神赛会"这个概念，我们现在还找不到合适的西文来表达，但是它指的是一种时间性的节庆活动，它超出了"社"的范围，能调动不同的"社区"来"参会"，也能调动它们之间形成某种"竞赛关系"。从空间上讲，民间的"社"指的是"社区内部的礼仪"，"会"指的是"社区外部的礼仪"。

在欧洲的社会人类学界，长期以来存在一种**社会决定论**的观点，主张宗教、仪式、象征作为一种"集体表象"，是由作为"社会事实"的"社会结构"（social structure）决定的。相比之下，在中国文化中，"社"与"会"的本来面目，却指的就是宇宙观、礼仪和象征。这一简单的比较,让我们看到,中国人理解中的"社会",原来不具备"决定论"的因素,而倾向于强调"社会的礼仪构成"(ceremonial constitution of society)。关于这一点,我们需要有其他的论著来探讨,我这里所关注的问题,比较简单,我认为,汉字"社"与"会"的原有意思,其实能够更简洁而贴切地表达法国村社的天主教堂(church)与圣母朝圣堂宇(chapel)的社会意义和关系。

在中国农村,很多村庄的"社会"是依赖诸多的地方礼仪场所建构起来的。在我研究过的东南地区,村庙、祠堂经常是地理范围上重叠的,它们表达着村庄家族聚落的"地方意识"。在法国东南地区的圣安德烈山,不存在独特的村神和祠堂,也不存在围绕这些公共象征展开的仪式,但它的天主教堂,在我看来却很像中国农村地区的村庙与祠堂,村社的教堂象征着村庄传统上的一体性。在中国,村社经常也是与超地方的祭祀活动联系起来的。例如,中国东南地区的村庄,经常有"进香"活动,这种活动,包含的核心仪式是抬着村神的神像,前往村神的"老家"访问。它的仪式形式,与圣安德烈山雪山圣母的朝圣仪式有很大差异,但也属于村社超越自身地理局限性的努力。由于从 14 世纪开始,天主的普遍性在欧洲得到极大的强化,因而,区域性的朝拜仪式随之退居其次,使法国农村的地方性祭祀活动,从重要性上比不上中国的同类。但这种结构的相似性本身,却从一个角度质疑了中西文化比较研究者那种武断的"中西对比论"。

5　同与不同

在典型的汉人宗族村落里,对于祖先的祭祀活动,与民间信仰中的神和鬼一起,构成了村社仪式活动的核心,也构成了村社群体认同的基本象征。村社祖先祭祀仪式,一般分为"家祭""祠祭"和"墓祭"三类。"家祭"是以"户"为单位的,它祭祀的祖先,一般而论是还没有经过超度并进入祠堂的祖先的牌位。"祠祭"以村社整个家族为单位,一般于春秋二季举行,属于全村社的公共仪式。"墓祭"于清明或其他节日举行,作为家族集体的祭祀活动,一般在家族的先祖坟前展开。在存在村神和村庙的地方,家族祖先的祭祀与村庙的节庆与进香活动一道,构成村社集体仪式的基本框架。而农历七月期间,对"鬼"进行的"中元普度",则扮演一种祛除魔力(exorcism)的角色。

在圣安德烈山,人们对于祖先并非完全不顾。这里每年数度,都有人到教堂后院的坟场对死去的前辈表示纪念,而每年的11月,都有一次祭祀亡魂的仪式,它在屋子里的牲口—仓库房里举行。当地人说,以往在这次祭祀亡魂的节日中,人们要与牲口、亡魂一起吃饭,表示人与动物和先人之间的团聚(communion)。不过,倘若将这些零星的仪式与中国宗族村落的祖先祭祀相比较,那么,在圣安德烈山的村社仪式,祖先的地位确实是很低微的。了解天主教在中国的传播史的人都能知道,祖先祭祀在天主教社区中地位的低微,与天主教反对偶像家族祭祀活动的教条,有着因果关系。在中国,西式天主教堂反对中国祖先崇拜行为的历史,直到 1947 年才告结束,而罗马教廷对于从事诸如此类仪式的教徒的宽容,大约也只是到了那个时候才开始的。

中西文化比较研究者对于**西方宗教"超越性"**和**中国民间信仰"地方性"**的比较,显然是出于某种理想化的民族自我想象而展开的。尽管法国农村确实不存在村社祖先祭祀的仪式,但这并不意味着没有祖先,没有村社仪式,就一定会具有超越地方的意识。相反,圣安德烈山的乡民虽然不集体地祭祀祖先,但是却通过村社教堂和雪山圣母的"礼拜",来展示相近于中国的"社"与"会"的地方认同感和凝聚力。诸多历史社会学家的研究证明,在过去的几个世纪,欧洲的上层分子为了建构现代社会,费了很多心血试图驱除村社的地方性,试图将乡民从他们的地方性共同体中解放出来。但是,现在我们在法国看到的,却是旧有的村社制度的合法存在。

在法国的政法体制中,村社拥有相当高的地位。在毕西仰松,政府规定村民代表委员会(Commission)必须由五个委员组成,分别负责公共设备更新(如公共场所的维修、环境的保护)、财务、信息交流技术及文化工作、环境与经济发展及对外关系。这个村民代表委员会,就是我们说的"村政府",在法国称为"la communauté",它管辖的地方与居民,总称为"commune",就是我们中国通过苏联翻译来的"公社"。在圣安德烈山,除了负责公共设备更新的是一个外姓人外，其他全部来自"胡塞"家族。村长是委员之一，与其他委员一样是经过全村的第一居民（本姓人）和第二居民（外姓人）共同选举出来的。这样一种选举制度，很像 1908 年在中国开始的地方自治选举，更像 1987 年以来实行的"村民自治"，而在圣安德烈山，它的过程与效果，与中国一些地方一样，也受制于村社中的"大家族"。很多村民反映说，被选为村长的那个人，不是因为他比所有别的村民能力强，而是因为他最想当村长，也最有时间当村长。很显然，在一个具有家族传统的村社里，选票最集中的必然是本家族的人物，他的当选，很大程度上依赖的是同姓氏的村民的支持。同时，当选村长，往往既不意味着当选者一定就是村社中的道德模范，又不意味着当选人已经获得村民的承认，他的权威可能建立在各种各样的其他因素基础之上（包括村民说的"有愿望""有时间"）。

我自己在村政府办公室里遇见过村长，发现他是一个对陌生人不怎么友好的人。据那位外姓的村民代表说，这个人的性格与村中所有其他的"胡塞"一样，很排外，生怕外来的有钱人抢夺了当地的利益，他办事有时婆婆妈妈，有时武断，经常受制于他的族人，对于有益于公共事业的事情，却不是那么感兴趣。我自己约他访谈，他三推五推，后来在我要离开的时候，已经没有兴趣再与他见面。在中国村庄中，我也碰到类似的情况，有的村长因为怕我这样的人查他的账、怕对他说的话负责等等，时常拒绝接受访谈，要经过苦口婆心劝说，才最终答应受访。况且，在圣安德烈山，村长的权力实在太大，整个村社 50% 的土地归他管辖，他有权批准土地的租售，也有权拒绝土地的租售,有权支配村社的公共财务,如付出大笔款项来维修村社的教堂和公共场所。

在中国,研究村民自治史的学者,有的上溯到上古时期,在古代文明的行政体制中寻找这种制度的根源;有的上溯到公元 10 世纪,在新儒学的思想中,寻找"里社"制度的历史原型。对于法国农村村社"自治"的历史,或许也会有学者做同样的时间搜索。对我来说,饶有兴味的是,在这两个空间距离遥远的国度中,村社制度却如此惊人地相似。尽管我们之间的宗教—文化传统不同,但一般百姓的日常社会与政治生活,却有着如此相似的地方。更有意思的是,在 1958 年前后,在毛泽东领导的"大跃进"运动席卷中国大地之时,法国农村的"公社"概念,已经经历了时间的考验、经历了法国大革命和巴黎公社的传播、经历了民国革命的"共和化"、经历了"共产国际"大家庭的内部政治词汇交流,成为我们的当代史最引人注目的篇章。可是,在过去三四十年的中国当代史研究中,西方和非西方的"中国问题研究专家",却令人意外地将"公社"这个概念,当成是"中国独特的政治经济形态"。

是什么东西阻碍了我们对于文化之间的相似性与跨文化概念交流史的认识呢?对这个问题,人们可以提供不同的答案。但是,对我个人而言,有一点却必须首先引起我们的关注。在过去的一百年中,中西文化比较研究者对中国的"家族主义""村社主义的一盘散沙状态"与西欧的"国家主义""民族国家的共同文化"之间所作的比较,在我们的思想界和社会科学界留下了深刻的烙印。这种在比较之中,只看不同而不看其他的做法,使我们易于将自身想象成一种有别于他的、必须自我更新的民族。即使我们一定要强调"不同",我们似乎也不应忽视了一个事实,这就是:现代社会理论的奠基人,依据英国工业革命、德国理性主义营造起来的图景,在欧洲内部其实也无非是不同类型中的两类"不同的文化"。如果说这两种类型的现代文化,一种是依据英国启蒙传统的"功利"(utility)概念建设起来的,而另一种是依据德国启蒙传统的"历史理性"(historical reason)概念建设起来的,那么,在欧洲应当还有其他的类型,而其中一种可能便是我们在圣安德烈山看到的、涂尔干曾经从不同侧面强调的"社会理性"(social reason)。倘若有人想要进一步追寻近代欧洲文化传统的宗教根源的话,那么,或许韦伯对于基督教—新教伦理的论述,恰好为我们解释了英德基督教与法国天主教传统之间的差异。

6　非我与我

人类学家告诉我们,研究别人的文化,不能落入寻找奇风异俗的俗套,而要形成一种文化的互为主体性,令我们能在他人那里看到自己,在自己这里看到他人。对法国村社的访问,告诉我们的也是这个道理。

中国文字里对于"西方"的记述,当然早已有之,而我的访问也并非是中国人观察欧洲人的首次试验。在漫长的中华帝国历史中，对于"西方"，正如西方人对于"东方"，中国人已经做了变化颇大的描述和评论。在《山海经》时代，我们的"西方"指的是昆仑，这个地方到底在什么地方，学界争论不休，而大家基本同意，它指的是"西北"这个方位。到汉唐时代，"西方"指与印度佛教密切相关的"极乐世界"及"西域"（今日的"中东"以至"近东"）。宋元时期，随着大陆和海洋丝绸之路的进一步拓展，"西方"这个概念在欧亚大陆上西扩到欧洲东部、非洲北部，而在海上，"西方"（西洋）被我们的祖先用来代指东南亚、南亚、波斯湾以至东非海岸的广阔地带。

16 世纪以后，随着欧洲传教士的大量东来，"西方"才逐步被界定为今日的"西方"。从传教士利玛窦（Matteo Ricci）1582 年来华开始，一批给中国带来"西方知识"的传教士，综合宋、元、明中国人的世界知识和地理概念和欧洲的新地理知识，为中国人绘制了比较准确的世界地图，而其中欧洲的地图及《山海经》，成为有关"西方"的基本知识。利玛窦自己即于 1584 年为我们绘制了"舆地山海全图"，而紧跟其后，意大利传教士艾儒略（Giulios Aleni）于 1623 年发表《职方外纪》一书，更详细地论述了欧洲的国别风俗、宗教和地理概貌。艾儒略生于 1582 年，1609 年受耶稣会派遣到远东。1610 年抵达澳门，1613 年抵达北京，后来到上海、扬州、陕西、山西等地传教。1620 年抵达杭州，当时教案发生，他匿藏在护教的中国人家中，于 1623 年写成《职方外纪》一书。这部生动的地理学著作，以古代文言文写成，模仿中国古代经典的笔调，论述了耶稣会视野中的世界,而书中有一个章节专门介绍了法国。

艾儒略用700来字生动地描述了法国的宗教、政治组织和社会生活的基本面貌。"拂郎察"一章,分 a、b、c 三段。第一段,给了这个国家一个地理学的定位,紧接着介绍了巴黎(把理斯)。艾儒略说,巴黎"设一公学,生徒尝四万余人。并他方学共有七所。又设社院以教贫士,一切供亿,借王主之,每士计费百金,院居数十人,共五十五处"。在第二段,艾儒略说,对于法国,天主特别地给予恩宠,他赏赐给法国国王一个单一的神,而且让法国国王每年举行一次"疗人"的仪式,将所有患病的人召集到宫中,国王"举手抚之",安慰说:"王者抚汝,天主救汝。"接着,奇迹出现,"抚百人百人愈,抚千人千人愈"。这段还介绍了法国的封建制度,说到当时的国王与"小国王"的亲子继承关系。最后一段,艾儒略介绍了法国的住房和"国人"的性格,说"国人性情温爽,礼貌周到,尚文好学。都中梓行书籍繁盛,甚有声闻。有奉教甚笃,所建瞻礼天主与讲道殿堂,大小不下十万"。

诸如艾儒略《职方外纪》这样的书籍和地图,给中国人提供了关于西方文明的具体知识。但是,产生于明末的西方知识,到了清代被我们改造成了另外一种知识。清初的三四个皇帝虽然种族上源自于一个古代的"蛮族",但是对于治理整个世界也有他们的雄心。他们眼里的世界是以大清为中心,其他国家为边缘。在立国以后,俨然成为帝国的朝贡体系的核心。在很多礼仪、建筑和文本中,"西方"再度被"中国化"为居于世界西北地带的"蛮族"。直到

1840 年以后,对于"西方"的这种鄙视态度才逐步开始瓦解。在魏源的《海国图志》中,世界地理被重新界定,虽然中国仍然列为世界的中心,但是从军事战略的眼光,西洋的力量被作者加以强调。法国这时成了"佛兰西国",从"拂"到"佛"的变化很微妙(魏源用的是《大明一统志》的说法,而艾儒略在介绍法国时,显然因不喜欢"佛"这个字,而将之改为"拂")。魏源评论法国人说,他们"俗向奢华,虚文鲜实,精技艺,勤贸易"。正文介绍了法国的"审讯衙门"(法院)、军队数目和分布。说到英法战争时,魏源引到"当危急时,忽有童女统军驱敌"的历史。

《海国图志》在"佛兰西国沿革"一文中,详细介绍了中法之间贸易、战争的历史,为我们提供了"中法关系史"的基本脉络。而这一"国与国关系史"的框架,在相当长的时间里,也是中国人观察和认识法国的基本诉求。例如,1907 年初版的康有为《法兰西游记》主要关注法国的军事力量问题和大革命问题。康有为认为,像法国这样的一个小国家,是罗马帝国衰亡后建立起来的。虽然他在法国看到了很多值得中国学习的东西,但是他在巴黎的访问使他不禁要比较中国的"秦"与西方的"大秦"(罗马帝国)。他说,罗马帝国的四分五裂是个令人痛心的事,因为这使欧洲的军事力量弱化,而且使欧洲各国长期处在相互的矛盾状态之中,影响了欧洲未来发展的潜力。而对于法国大革命,康有为认为,这对欧洲的继续繁荣与强大,是一个大的冲击,"大革命"使欧洲人失去了本来具有的社会和伦理秩序。于是,他说:

鄙人八年于外,列国周游……明辨欧华之风,鉴观得失之由,讲求变法之事,乃益信吾国三代之政、孔子之教,文明美备,万法精深,升平久期,自由已极,诚不敢妄饮狂泉,甘服毒药也。[①]

从《法兰西游记》来看,与近代的其他许多中国思想家一样,康有为对于近代法国的民族主义和革命主义思想存在着严厉的批评态度,这与康有为本人的君主立宪思想有密切的关系(康有为在号召"以法为鉴、以日为师"时,显然把法兰西文化当成中国政治近代化的反面镜子)。不过,对于人类学者而言,更有意味的是,在对法国进行文化评论之时,康有为运用了中国式的解释,他认为,欧洲近代国家的分化,与欧洲文化近代的一项变迁有着密切关系。他说,近代欧洲人表面上都承认,他们的文明源于罗马。在欧洲大学的教育中,到处可以看到"罗马"的文明痕迹,表明欧人"不忘其祖"的心态。然而,比较中国而言,欧人对于祖先的尊敬、对于自身古代文明的继承,在精神实质上却不能与中国相比。在康有为看来,近代欧洲帝国的崩溃、革命的兴起,恰恰是由于欧洲人相比中国人更容易忘记祖先。

康有为的文化论述,虽属个人之见,但对其后中国比较文化研究的理论有深远的影响。在整个 20 世纪,中国发生了翻天覆地的

---

① 　转引自钟叔河:《从东方到西方》,上海人民出版社 1989 年版,第 478 页。

变化,这些变化超出了本书论述的范围,但有一点是相互关联的,这就是,在漫长的 20 世纪当中,中国运用了康有为宣称借以为鉴的法兰西文化,来消灭原来的"帝国体制",也翻译了"革命"这个概念,来营造一个"破除祖先定法"的新国家。长期以来国人似乎倾向于相信一个观点,即,西方式的、无祖先的宗教,对于构成一个一体的、强大的军事性民族国家,有着重大的意义。

在 20 世纪中国学术思想的发展中,"**民族国家焦虑**"发挥着很大作用。我们知道,在乡土研究中,长期以来存在着以民族志的方式来呈现分散的中国村社的传统。在社会学中,这种传统被学者们与"社区"这个翻译来的概念相联系,却不无矛盾地意指一个"中国学派"。为什么中国社会人类学家一直要将自身局限于作为"社区"的村社研究呢? 我认为,在一百年的学术变化中,从事社区研究的学者必然各自具有不同的理论关怀和思想特色。但是,在一点上,我们却是共通的,那就是要寻找代表中国社会特征、却又必须向现代意义上的"社会"转变的"乡土模式"。中国社会人类学家与哲学的思想家不同,他们接受了经验主义社会科学方法的基本立论,主张在经验的"社会事实"中寻求对于传统与现代性的理解。然而,我们有多少研究真的能够避免哲学—宗教学意义上的中西文化比较研究给予我们的研究带来的"民族国家焦虑"呢? 问题的答案是显然的,而我在这里关注的,却不简单是"民族国家问题"本身,而是这种问题意识和潜在的焦虑,给我们带来的跨文化的"误会"。

　　寻找自身文化出路的知识分子,必然也在寻找与自身文化不同的文化。于是,诸多的中国思想者的心灵迈进了希腊"城邦",找寻民主的西方根源,不民主的"东方学"。同样多的学者在遥远的过去,找寻可以发挥"内圣外王"效用的"儒学"。虽然文化有时是别人的,有时是自己的,但是我们中的很多人总想在其中找到自己的未来。这种做法表面上是"内发的",发自于我们文化内部的、关注自身文化走向和脉络的关怀,实际上与早期深潜于中国文化的传教士的关注点与言论、与他们对于"西方"的叙说,不同之处并不很多。这一点不仅对我们的文化论有效,对于我们的社会变迁也有效。如果说我在法国村社的短暂停留有什么意义,那么,这一意义恰恰在于试图在一个被我们二元化了的"东西方世界体系"中,找寻我们社会经验的不同与相似,从而揭示出我们在历史过程中形成的那种"焦虑"的可能解释。

　　在我们这个容易旅行的时代,现代性的体会到处都能得到。我们还能不能看待"我们"与"他们"之间的差异?这种差异的发现,是不是说明它们之间没有关系?在差异中探索人的共同生存的理由是什么?"祖先"与"无祖先"的争论,最后变成了一个不重要的附属品,因为它已经让位于人类学的知识互惠方式及文化互为主体性的说明了:一个民族自我拯救的药方,可能要去一个更为发达的民族那里寻找,这可能也是人类学的互惠观念告诉人们的常识。但真正的人类学研究,让我们看到另外一个层次——现代性的"营造法式"包含着对文化的同与不同的诸多误解,祖先与无祖先社会的区分,就是一个典范的案例,人类学家的使命,是要对这样的案例、这样的误解进行重新的思考,使"他者"回归于"他者",同时具有更真实的人性。

人类学者的成年

人要研究人自己，从科学历史上说是人类学十九世纪的创举，经过了一段探索，到二十世纪初年建立起了一套科学的方法，不能不说是人文世界中的一项新发展和新突破。但建立这一门科学可能比其他科学更为困难些，不仅是因为人文世界领域广阔，而且使人研究人，不同于人研究物。研究者必须要有一种新的观点和境界，就是研究者不但要把所研究的对象看成身外之物，而且还要能利用自己是人这一特点，设身处地地去了解这个被研究的对象。

——费孝通

　　费孝通(1910—2005,右一),最著名的中国人类学家、社会学家之一,其《江村经济》被誉为人类学转向本土、转向文明社会道路上的里程碑,而他的其他论著广泛涉及乡土中国及其变迁的经验、中华民族多元一体格局的历史与实践,近期有大量论著阐述了更广泛的论题,包括"跨文化对话"、人类学与"文化自觉"等问题。图为费孝通和江村儿童。

　　有人说,过去的一百年里,人类学家所做的一切,只是要回答一个问题:人与人到底是一样的还是不一样的?人类学家的论著那么多,研究的文化那么缤纷,那么令人目不暇接,说他们只关心一个问题,恐怕让人发笑,甚至让同行感到可恶。好笑也罢,可恶也罢,这话实在是有那么几分道理。长期以来,人类学家企求的,的确是对这样一个问题的解答。而我们不能轻视这个问题,从解答一个简单问题中能延伸出来的知识,像一加一等于二在数学中能延伸的一样,往往没有那么的狭隘。

1　善待他人的学问

　　说人是一样的,或是说人是不一样的,时常会含有一定的价值判断。例如,我们说那个人很好,意思可能是说,他跟我一样好;我们说这个人跟我们不一样,意思可能是说,他跟我不一样,很坏。于是,一样和不一样的问题,时常让人感到有道德判断上的潜在危险。举一个例子来说吧,国人时常以中国的文化特殊性为民族骄傲的理由,但别人谈论我们的不是时,总隐隐觉得有些令人不快。有一个欧洲哲学家,有一次当着我的面大讲中国艺术的认识论特征,就让我觉得颇为愤慨。

这个人说,文艺复兴时代的西方绘画,跟我们非常不一样,是写实的,不仅画穿衣的,还画裸体的。西方艺术家总是追求要用精确的美术语言来体现一个"模特"的原貌,与中国的国画形成了很大差别。在汉语中没有"模特"这个字,这是因为我们中国人从来不把人作为艺术完整地反映人体的手段,我们不把人画得很逼真,我们画山水人物画,是追求潇洒飘逸。而西方的画,则可以把人脱光,甚至画一具尸体,只要非常像就叫作"艺术"。文化的不同,在中国的裸体画和欧洲的裸体画的差别中可以看得十分清晰。中国的古代裸体画,只是出现在春宫画中,而欧洲的裸体画则是很神圣的。中国正统的绘画强调的是线条。春宫讲究西文里"naked"(裸体)的感觉,往往与中国人的性想象有关,而西方的人体艺术,既然是艺术,就要被带神灵感地称作是"nude",是美学意义上的"裸体"。对这一点,我倒有点补充:中国对裸体的道德仇恨,在丧仪这个侧面里,表现得最为鲜明。人入葬的时候,请和尚来念经,和尚代表死者说:"我生前罪孽深重,希望自己生前没有被脱光过,没有这种脱光的罪过。"死人的愿望是自己从来没有被脱光。然而,这位哲学家要说的,不是这种问题,他要从"裸"中表现出的不同文化态度来考察中西认识论的差异。比较地看，中国画的"裸"讲究的不是"裸"的神圣的真实，而时常带有一种山水画的"势感"，令人看了能感到动的感觉，不像西方的"裸美"那么凝固地神圣。中国人历史上不怎么喜欢科学的精密性，与中国人讲究"势感"有很大关系。

　　客观地说，这样一项比较研究的工作，对我们的启发是很大的。我甚至觉得，它能解释我们的很多认识论问题。比如说，孔子说"仁者人也"，意思是说，人之所以为人，是因为两个人以上结合成为"仁"。这模糊地让人感觉到有点像在说一种社会学原理，但他说的"仁"完全是一种处世的方式，而非社会学从科学原理中推论出来的"社会结构"。我们强调的是一种"势"，画家不能画得太逼真，要用线条把人的各种动作都勾勒出来，才叫画家，士大夫不能把社会说得太完整，不然就缺乏"仁义"。这种画法、这种想法在西方是不可能的，跟欧洲很不同。欧洲是经历希腊、罗马、中世纪，再到文艺复兴的，在历史变化中，对人的看法发生过很大的变化，但如那个哲学家所言，欧洲人一以贯之的是一个"求真"的传统。中国人对人的看法则不同，我们看人要看天、地、人组合成的"势"。在先秦时代，我们看世界、看人的方式是以居住的房子为中心的。在《诗经》《尚书》中就有记载，里面明确地说，世界是方的，所以房子也应该是方的。并且有四个方向，每个方向代表一个方向、颜色、力量、时间等等。我们用它来思考整个世界，来造城、来形容我们和其他民族（蛮夷戎狄）的关系。皇帝争着把自己的城池建得越来越大，建得越大，越能说明君主和天的关系很近，权力也就越大。统治者一旦得不到天的授权了，就要派方士出谋划策，改变"运"。我们这个"方块"被扩大到"天下"，形成自汉至清的朝贡体系。在这个体系里面，礼物来来往往，今天我们叫它"古代的世界贸易体系"，但我们当时称之为"礼尚往来"，称之为"礼"，包含有道德的意思在里头，不是一个真实的交换体系。这也是"势感"外延引起的。

人类学的跨文化理解，确实与这样鲜明的比较文化研究一致。我从那位哲学家那里得到的启发，也真的是一种启发。但听他那样说，我们中国画里的"裸"与"美"这个概念没有关系，令我觉得备受侮辱，好像他是在说我们中国人对待裸体总是赤裸裸的。所以，人类学家在进行跨文化的比较时，不能不考虑一致与差异这两个概念可能带来的复杂的情感效应。生活中语言的双关性，有时能启发我们对历史的理解。过去，欧洲人侵入其他国家的时候，他们也在讨论这个问题：人是不是都一样的？当然，答案总是自相矛盾的。那时的答案是进化论和传播论的。进化论认为我们被殖民的人都是"好同志"，因为我们与他们的"心智"是一样的。自相矛盾的是，进化论者又说，"他们野蛮民族"很荒唐，到了这个时代还处在一个古老的年代，"我们这些欧洲的老大哥快来帮助这个不开化的小弟弟吧"。传播论者说，那些被殖民者的文化，无非是从外面传来的，与"我们今天的文明不同"，"他们的文化"，是上古的时候流传下来的，但变了模样，沦落为一个"落伍的传统"。

我这里说的人类学，是现代派的，是在反思那两种关于人是一样还是不一样的解答方式基础上提出来的，也与价值判断有某种关系,而且关系越来越复杂。英国功能主义人类学家说,我们人——无论是西方人,还是"野蛮的部落人"——都有基本的需要,人都是一样的,不存在大哥哥关心小弟弟的问题。文化是不同的,但它们共同满足着同样的需要,如生活的基本需要,社会共存的中级需要,尊严的高级需要,社会共存的"驱使力"。在两次世界大战期间,美国人类学家也害怕说别人是坏人,害怕像进化论者那样将非西方民族说成是迷信的、不理智的民族,他们强调文化的不同而拒绝说不同会不会导致水平的高低,他们说文化的精神根源于一个民族自身认识的价值,一个民族的价值不应影响另一个民族的价值,大兄弟之间的关系,像英文的"brothers"(兄弟)一样,应不分长幼。不同的民族有自己的一套文化的特征,它们构成一个综合体,有一定的空间分布,就叫"文化区域",文化区域的边界是存在的,但我们不能去划定它们之间的道德、技术优劣的界线。西方人无权判定别人是脏的。比方说他们可以认为自己的城市,如纽约、巴黎、伦敦很脏,地铁里有一堆黑人尚在抢东西,而不能说他们觉得北京、墨西哥城是肮脏的,只能说北京、墨西哥城在西方人看来是脏的,但当地人自己习惯了,就不认为是脏的,人类学家也不要说他们脏。这样一来,人类学的学问才能在道德上纯洁起来。我们将这种判断,叫做"文化相对主义"。法国人类学家或许有趣一些,他们说,人既有差异,又有共通之处,共通的地方就是人通过互通有无来建立社会。中国人的"面子"很荒唐,但与西方人的赠予、慈善有共同之处,人是因为不一样,才能一样,就像男女不同,但没有男女,我们不能生育,也就没有了我们人自己了。

这样描绘人类学理论的历史,令人听起来有点难过,但事实就是事实,现代人类学就是在这样的基础上发展起来的。不同的流派之间有矛盾、有不同点,但大家基本公认,人类学家要尊重不同于我们的人和文化,才能获得真正的"自觉"。意思就是说,没有"他者",就没有"本己";没有西方,就没有东方,没有南方,就没有北方,倒过来也是一个道理。在充满矛盾的世界上,人类学的这种双边的相互的文化主体性,意思很明白,但实践起来不怎么容易。于是,我在回答"人类学是什么"这个难题时,才花了那么多的笔墨,去重述许许多多来自这个简单命题的复杂答案。

现代人类学家意识到,"人的科学"必须怀有对被研究的人的基本善意,才能真正了解这个人,同时才能通过了解他来了解自己。我们可以称这样的人类学是一种"善待他人的学问",而这种特殊的学问与一定的时代、一定的政治环境有值得强调的关系。一个简单的观察是,在现代人类学的历史上,西方诸国能留下名分的主要是英国、法国和美国。这样一个简单的观察让我想起德国的处境。在人类学的近代史上,德国的传播论是有很重要地位的,并且,这个国度里知识分子发明的"大众文化""国族""民族精神""理想类型"等等,经犹太人的辗转传播,影响了美国知识界,再经过美国影响到法国和英国。可是,两次世界大战之间,德国人类学在国际上的学科地位并不重要。在英国、法国这两个主要西欧国家和美国这个新兴发达国家中,知识分子对人类学的一场深刻的思想解放运动起着极大的推动作用,而在德国传播论以后的人类学,基本上没有什么创新,直到三四十年前,这个古老的理论在传播媒介研究的活动中才重新焕发生机。

其实,当时的德国是有过辉煌的人类学史的,但那时德国的人类学变成了种族主义的"优生学"。迁移到其他地区去的犹太籍人类学家,都像波亚士那样成了人类学大师,而在德国国内人类学家们还在问为什么雅利安人种那么优秀,别的种族那么糟糕,怎么解决这个问题。种族主义的人类学家认为这是遗传的结果,于是他们成了希特勒的理论战将,有的还专门协助纳粹"生产"小希特勒。这些人后来在遗传学上造诣很深,是因为他们将所有的精力放在用遗传学的理论来解释文化差异,他们以为所有的人文类型之所以成为类型、之所以不同,是因为它们可以归结到这个"种"的问题,"孬种"就生不出好的后代,德意志民族才是好种。那时的德国人类学,停留在黑暗时代,专门强化民族自尊心和宣扬民族中心主义。为了这种自尊心,为了这种民族中心主义,德国曾发展了最为完备的现代国家力量。一切违反国家利益的行为,都被当成"坏种的行为"加以制裁。为了建设这个强权国家的社会根据,德国政府用了很多办法来推进"社会动员术"的开发,它发挥了德国近代的"大众文化"观念,使之运用于宣传,使之能够煽情地引起人民的响应,从而在一段时间里达到了国家主义的目的。那时的国家主义,经过与种族主义的结合,出现了一个荒诞的效果。以国家和民族为中心的强权政治,本来应当是遵循民族国家的疆界原则才能实现其有效统治的，但德国偏偏逆历史潮流而动，想恢复一个以雅利安民族为整体统治者的帝国，虽然这个国家喜欢"大众文化"这个词，也创造出一种这样的东西来让国民共享，但它却在另一方面上极为霸道。德国那时的现代性，是与大屠杀为伴侣的，它淋漓尽致地表现了现代性的技术和文化一体化，所促成的野蛮行动。

在这样一个纳粹的国家里，现代派的人类学主张是不可能被宽容的。在那时的德国，谁有胆量像英国人类学家埃文思-普里查德那样从非洲的研究推论出一个"有秩序而无政府的模式"来？在那时的德国，有谁能像美国犹太人波亚士那样去不断宣扬种族平等、文化平等的理论？在那时的德国，又有谁能像法国人类学家列维-斯特劳斯那样，离欧洲远去到热带丛林寻求解救欧洲文明的药方？那时德国人类学的状况，甚至还远远不如当时的中国。那时，从这个异邦带回民族学理论的蔡元培能为宣扬一个自由思想的学科奔走相告，从另一个异邦带回社会学理论的吴文藻能在一个小小的空间里演说一个多文化的文明体系。到海外去的华人人类学家，能自由地运用一切可以被参考的洞见，去分析自己的社会，对当时的社会面貌，对社会的改造提出自己的方案。而在德国，种族主义的优生学，几乎是唯一的人类学。

在人类学史长篇中，在现代人类学这一部分，德国的那一节是极短的几页。从这个国家出来了的犹太人的名字，从这个传统里头延伸出来的文化理论，占据了国际人类学史的主要篇章。然而，在这个国家内部，文化理论被推及人身和国家的政治治理术，成为种族主义的借口。德国在现代人类学史中失去地位,没有什么可以抱怨。可问题是:为什么它有这样的结局？道理很简单,在一个种族主义、民族中心主义、本文化至上论、国家全权统治支配人们生活的地方,一切围绕着的中心问题,无非只有一个:与自己不同的人,都是该被征服的"孬种"。所幸的是,战争期间的德国,对人类学本身的益处,应该还是要辩证地来看,至少这个国家迫使更多的流动于各国的人类学家在其他空间里找到了对人的差异性与一致性进行更为客观而善意的理解的办法。

2　成为人类学家

俗语说:"学坏三天,学好三年。"要做一个善人,人要花很大的心血。做一个普通的善人都这样,更不用说要造就一门具有善意,同时兼备真理和美感的学问了。历史上,人类学走了很多弯路,最后在一个朴实的基点上找到了自己的立足点,知道了"人研究人,不同于人研究物",知道了研究人的人,必须"要把所研究的对象看成身外之物,而且还要能利用自己是人这一特点,设身处地地去了解这个被研究的对象"①。我们将人类学的这一根本变化称为人类学的"成年",就像一个人成年的过程一样,对自己提出了新的要求。

---

① 费孝通:《学术自述与反思》,三联书店 1997 年版,第 328 页。

相比古老的神话、哲学、历史和文学，只有一百多年历史的人类学(包括近代人类学)，只能算是一个儿童。但这个早熟的儿童，却懂得不少规矩。根据他的要求，一个人要成为人类学家，要经历人生礼仪的考验。在一个原始的部落里，一个人成丁了，男的要在仪式里经过成为"战士"的震撼，女的要在仪式里给自己强加上民族的文化符号。成为一个人类学家，特别是成为一个好的人类学家，也要经历这样的磨难。在自然科学里，磨难来自于实验室枯燥无味的不断实验、数学方程式的不断检验和原理的不断反思。在人类学里，磨难来自于一个"离我远去"的过程。在这个过程里，将成为人类学家的人，要"读万卷书"，要"行万里路"，在前辈的描述和理论阐释里，学到"走路"的基本模样，然后，他要离开自己的生活世界，到一个遥远的地方，去形成对自己的生活世界的认识。经历了长期的参与观察，人类学家回到他们的学院，沉浸在没有线索的田野笔记和资料里，在实验室般的工作氛围里，寻找解释资料的途径，最终写出一部作为成丁礼主要"赠予"的民族志。这样，人类学家才成为人类学家，终于获得了言说的权利。

历史上，人类学前辈里头不乏自学成才的，他们中更多的是从别的行当转过来的。成为人类学家以前，他们当过物理学家、数学家、医生、战士的人不少。在过去的半个多世纪里，世界上的人类学逐步成为大学教育的核心课程。在一个提供系统人类学教育的科系里，学科的教学工作主要包括本科、硕士和博士三个阶段。在欧美地区，学过本科人类学课程的人，可以直接升入人类学的博士班，硕士研究生基本上是为其他学科的本科毕业生提供的强化式入门教育。在不同的国家中，人类学教学工作涉及的面，有宽窄的不同，有重点的差异。在美国大学的本科教学工作中，这门学科的教学一般采取宽泛的"大人类学"授课办法，涉及面包括体质和文化人类学的各个方面，后者主要包括考古、语言和社会文化人类学的教学。社会理论的发达，也给美国大学的人类学教学工作提出了新的要求，特别是对准备攻读博士学位的学生，从19世纪后期开始到"后现代时期"（过去三十年）提出的社会理论，都是必读的书目。在英、法等欧洲国家，大学的人类学教学工作，主要围绕着社会文化人类学这一中心，个别地方可能保留古典式的"大人类学"体系，但作为专业训练，人类学注重民族志原著的阅读和社会思潮的跟踪。

大学里，人类学家的成丁礼，又可以用**"学院"——"田野"——"学院"**这三段式的程式来形容。准备成为人类学家的人，首先要在一个人类学专业的科系系统学习课程。一个好的人类学科系，能提供三个方面的课程：研讨班、讲座和民族志电影。研讨班是一般上课的方法，课程的内容包括人类学史、当代人类学思潮和主题、分支研究领域入门、区域民族志，要求学生在阅读原著的基础上在班里参与讨论。讲座一般是由成名的人类学教授主讲，老师上了讲台，只带着几张卡片，就能讲两个小时，内容很丰富，注重启发。民族志电影，用比较生动的手法，让学生更直观地接触到田野的实地景象。这种电影与民族志的描述一样，注重亲身的见闻，经典的片子各有风格，犹如纪实艺术片，令人耳目一新。"学院"这一阶段的总体目的,是要让人类学学生在三个层次上基本把握人类学的学科面貌和当前潮流。列维-斯特劳斯曾将总体的人类学分为三个层次,民族志、民族学和人类学,意思是说完整的人类学知识需由记录性的个案研究、区域性的文化比较和超经验的理论分析组成。[①] 人类学教学工作,一般也需从这三个方面入手,让学生通过阅读大量原著、参与谈论、聆听讲座和观看电影,来了解世界民族志,形成初步的比较,认识抽象的理论,知道什么是好的人类学。

人类学训练中的"田野"阶段,学生的自由选择余地比较大,同时也意味着学生要比较独立地、为自己负责地展开自己的研究工作。田野工作的基本要求是要学生离开"学院式生活"一段时间,到讲不同语言的地区,严格说来要求有一年的语言学习和一年的调查。要求一年的调查,主要是因为人类学家认为,要充分了解一个社会,我们有必要跟随这个社会的年度周期和四季的节奏,从社会时间的整体把握入手,全面地了解这个社会生活的面貌。照传统的要求,田野工作一般要在一个与自己的文化构成距离的地方。对过去的西欧、日本人类学家来说,主要是前殖民地的社区;对美国、加拿大、印度、澳大利亚等国来说,当地的土著部落,是人类学关注的;对城乡之别比较明显的意大利、西班牙、葡萄牙等国,除了以前的殖民地以外,现在核心的调查地点是本国的农村。在我们中国,人类

---

① 列维-斯特劳斯:《结构人类学》第 1 卷,谢维扬、俞宣孟译,上海译文出版社 1995 年版,第 374—411 页。

学长期既关注国内少数民族的调查,也关注国内的农村社区。随着
变迁理论的进一步发展,越来越多的人类学研究项目关注都市场景
中的多元文化,新一代的人类学家还有不少倾向于用民族志的方法
来观察现代文化和它的"生产方式"。从"他者的目光"延伸出来的
人类学视野,已经成为田野工作的基本伦理。在这个意义上,"离自
己远去"只是一个比喻,它比喻的是田野工作中的人类学作风,要求
人类学家采取"非我"的眼光来看待被研究的人——无论是前殖民
地社区、国内少数民族、本民族农村社区,还是大批的记者、艺术家
和广告商等。

　　从事长期田野工作的人类学学生,有个别人接着留在他们研究
的社区,成为当地人,但大多数还是要回到作为知识家园的"学
院"。在大学和科研机构里,他们继续参与学术讨论、继续阅读重要
的书籍,同时,他们对自己获得的资料进行整理和分析,写一部好的
论文。在这个阶段里,阅读、讨论,与资料的整理、分析同等重要。
一部好的人类学论文,需要对自己的第一手资料有充分的把握,而
把握这些资料不能脱离其他学者的论述。于是,这个时候,人类学
学生还是要回归到那个"学院式"的三层次知识追求里去,通过阅
读其他个案、跨文化比较的范例和社会理论来形成论文的基本思
路,最后写出论文。严格说来,这部让人类学学生"成丁"的论文,
一般要依据第一手的资料写成,但人类学的老师对综合性较强的论
文也不排斥。我们知道,现在做人类学研究的学者可以像马林诺夫
斯基那样以民族志为中心来说话,也可以像列维-斯特劳斯那样,展

开广泛的综合研究。随着科际合作的进一步发展,人类学与历史学、社会学、文化研究之间的结合越来越多,其他学科的论述类型,也已经被人类学家所接受。

大学的人类学训练,最高的成就,就是"生产"出人类学博士。对本科生来说,基本的把握就足够了,而对想成为专业研究人员的学生,需要的时间比一般社会科学要长得多。"学院——田野——学院"这个程序,是对博士研究生的基本要求,一部博士论文一般需要花上四到十年的时间来完成。完成博士论文以后,人类学的博士们如在大学和科研机构工作,他们就被我们称为"职业人类学家"。这样长久的人类学训练,这种对学科知识和第一手资料的双重强调,是现代人类学在反叛古典的进化和传播人类学的基础上逐步形成的。因而,根据这样的程序生产出来的学者和知识,必然带有现代人类学的基本特征。我们说现代人类学是一门"善待他人的学问",这只是说这是它已表明的理想追求。这门学问提供的训练,能基本保证一个人获得人类学的知识完整性和职业化研究技艺。它能否保证一个学生成为一个"善待他人的人类学家",仍然是一个问题。我们知道,不是所有的人类学家都是"善人"。在历史上,不乏一些人类学家对被他们研究的人持有偏见,也不乏人类学家出卖自己的研究来赢得非正当的利益,更不乏人类学家在别人的世界里追求自我矛盾的解脱。因而,作为共同体的人类学界越来越意识到知识的"双刃剑"潜力。要成为一个好的人类学家,对这种潜力也要给予充分的关注。

3　认识与价值

新一代的人类学家喜欢对老论点进行重新思考，将它们与"世界的新格局"和"后现代主义"联系起来看。重新思考针对很多东西，但它对人类学认识论和人文价值观的重新追问，是值得关注的。怎么理解被追问的问题？我们不妨从过去六十多年中国人类学的处境出发来寻求答案。

我们知道，第二次世界大战以后的几年时间里，世界这部机器进行了新的磨合，起初的三十年磨合不成功，按意识形态的区分分成几大块。从社会科学的角度看，二战以后兴起的美国，成为西方社会科学的中心，而以前苏联为核心的社会主义阵营，也逐步形成自己的社会科学体系。在这两大阵营以外，第三世界国家很多属于战后兴起的新民族国家，它们的社会科学有自己的发展道路，有的综合本土和西方经验，有的综合本土的前苏联经验，都有各自的特色。非洲和中南美洲的人类学家考虑到自己的国家在地理位置上处在欧洲和美国的南方，提出了"南方人类学"，来与欧美的"北方人类学"对阵。在我们中国，1949 年以后的三十年里，社会科学受到前苏联的影响，后来在"左"的路线的影响下，对社会学、政治学、经济学等学科进行了"革命"，当时被列为"资产阶级学科"的还有文化人类学。

　　从那时起,"人类学"这个名称基本上指的是科学院体系的古脊椎动物和古人类研究,科学院的《人类学学报》就是一个代表。在 1952 年院系调整的过程中,"文化人类学""社会人类学",甚至"民族学"这些名称都被我们与新中国成立前的知识状况联系在一起,成了"旧社会"的历史记忆。我们知道,20 世纪前期,中国人类学是世界人类学的重要组成部分,我们的一些老先生,都跟当时最出色的人类学家学习、合作过。比如说,马林诺夫斯基曾指导中国人类学家费孝通先生的博士研究,费先生的博士论文《江村经济》后来在英国出版,成为现代人类学的经典之作。[①] 马林诺夫斯基写有一部书稿,还没写完的时候,费孝通先生已经把它给译出来。这本书的中文版叫《文化论》,对于中国社会学和人类学功能学派的形成,起到了十分重要的作用。另一个著名人类学家林耀华在布朗来燕京大学的时候给他当过助教。当时燕京大学是外国人办的学校,布朗是第一个希望通过他的声音影响中国的人类学家,也是他第一次在中国提倡农村研究,至今对我们也还有很大的影响。波亚士在 19 世纪末就很有名了,他的想法对当时的中央研究院有很大的影响。此外,如李安宅、许烺光等先生,在美国从事人类学研究,受到美国学派的影响比较大。在国内撰述《文化人类学》一书的林惠祥先生,也受到美国学派的影响。法国的影响也不小。[②] 当时的

---

① Hisiao-tung Fei. 1939. *Peasant Life in China*, London: Routledge.
② 林惠祥:《文化人类学》,商务印书馆 1934 年版。

杨堃教授就是师从莫斯和葛兰言的。现在,国外介绍莫斯和葛兰言的文献中还时常提到杨先生,因为他曾是法国学派的积极参与人。

20世纪前期,中国人类学十分多元,在南方、北方、西南等地区形成不同的中心,各有特色,培养了一代人类学家。然而,随着"资产阶级学科"这顶帽子的出现,作为综合学科的人类学消失了。名称的消失不意味着学问的消失、研究的停顿。那时,很多人类学家被调转到不同学科里,研究少数民族、世界史、原始社会史。一些著名的人类学家被派去参加中央访问团,去做少数民族识别研究。当时民族志调查很严谨,在少数民族社会历史研究、语言研究、宗教研究、体质人类学研究等方面留下值得世界珍惜的记录。为了破除"资产阶级学科"的"异文化浪漫情调",为了奠定马克思主义的民族理论,少数民族研究采纳了"社会发展阶段论"的模式,对生产方式的演进历史特别关注。更重要的是,在那些年里,民族认同问题成为国家主导的"民族识别工作",作为少数民族生活方式、语言、文化、信仰的表达的民族身份认同,被当成政府的民族工作的重要组成部分来看。

采纳"社会发展阶段论",使中国人类学研究回归到社会形态比较研究,回归到古典进化论的人类学,而将田野工作知识纳入政府工作,一方面使民族研究获得前所未有的资源,另一方面使这种研究脱离了西方现代人类学的"非我中心主义"。两种工作都是有标准的,而且标准是由新中国的政府来确定的。如果说那时的民族研究也属于人类学的一种,那么,这种人类学与我这里不断重复论述的现代人类学就存在着十分明显的差别。那时中国人类学的这个转变,对于现代人类学的提法,构成了一个挑战。当一个被研究的文明选择成为自己的文明的主人并对它进行改造的时候,好像没有什么可以责备的。人类学长期积累起来的知识告诉我们:在现代世界体系里,非西方文化的自尊心,是全人类必须珍惜的。那时我们中国民族学家所展开的探讨,给现代人类学提出了一个问题:"进步"的观念在西方国家的人类学里已成为禁区,而在辽阔的中国大地上,在一个最大的非西方国家却一时成为信条,怎么解释这种似是而非的"传播效应"? 过去的六十多年中,直接对这个问题加以关注和阐述的西方人类学家不存在,但这个时期里出现的一些新探讨,却从另外一些侧面反映了这个问题的重要性,值得我们从认识论和价值论的角度来理解。

人类学家怎样做到善待他人? "善待他人"是不是一种形式主义的举动? 是不是以尊重他人的价值观为自我标榜的手段? 是不是等于否定他人与文明的趋近? 与中国全面采纳进化论几乎是同时,在 1950 年前后,西方人类学也开始出现新的思考。在美国和英国,人类学家——特别是考古人类学家——如怀特(Lesile White)、柴尔德(Gordan Child)、斯图尔德(Julian Steward)等重提摩尔根的社会形态论,他们不简单是要为古典人类学翻案,而是要在相对主义长期流行的状况下给文化史的视野以一席之地。在新时代出现的新进化论(neo-evolutionism)带着对不同民族、不同地区、不同文明体系文化演进规律的关怀,承认社会形态更替的线性特征,在深入考察文化演进过程与地区性生态与文化环境之间的密切关系之后，它更强调进化的多线性。

同时，人类学家变得更关注文化之间接触的历史。随着政治经济学和世界体系理论的发展，人类学逐步从小地方的民族志转向地方文化与世界政治经济之间关系的探讨。这一系列的探讨，主观上受到马克思主义和法国年鉴学派史学的启发，而它们依据的认识论模式，客观上又继承了古典传播论的某些因素。在这一脉络上展开的研究，像传播论那样关注文明的空间分布与流变，也关注由空间的分布与流变而发生的差序格局，但受马克思主义社会公平观的影响，它们强调指出，近代世界格局是一个不平等的政治经济格局，而不是一个文化衰变的过程。于是，持这一派观点的人类学家，对于西方中心的世界体系是批评的，对它造成的不平等也深有反思。

对于历史的线性时间和层次性的空间的关注，令一些人类学家对 20 世纪前五十年中流传的自在的文化论产生怀疑，这促使更多的人类学家去重新认识文化的含义。与新进化论的出现同时，列维-斯特劳斯展开了百科全书式的人类学研究，他搜集了数以千计的区域人文资料，并将这些资料汇总起来进行深度的分析，从中寻找不同文化之间的共同规则。从战后到 20 世纪 70 年代，列维-斯特劳斯发表的数量巨大的作品，综合了结构语言学、文化人类学、马克思主义辩证哲学和精神分析的理论，对此前的社会人类学思想提出了总体的清算。他认为，从大量的神话、图腾、亲属制度、社会组织资料中，人类学家可以找到文化与文化互通的"语法"，这个语法的基本结构是两性之间的交换,进而可以扩大到氏族之间的互通有无与联盟、种姓之间的交往逻辑、文明之间的衔接方式。人的思维依靠交换的逻辑,生成二元对立统一的结构,在区别和联系之中形成社会。这是一个善意的理论认定,世界上所有民族的思维都共享一个结构,正反、生熟、男女、左右、上下、有无、阴阳等等,是人们赖以认识这个世界和自身的根本手段。人类学的使命,就是在人类的仪式、神话当中找到这个主旋律。列维-斯特劳斯还是音乐家,他的书写得像贝多芬的乐谱,有主题、变奏和结尾,他的主旋律与葛兰言的思想有继承性,葛兰言在汉学研究的范畴里最早指出,是阴阳、男女、天地这些对应而互为因果的因素,构造了人的世界。

列维-斯特劳斯像一个指挥家,他演奏着一支和谐的古典交响曲,这个和声里是有差异而无等级的,无论有无等级,都是等值的交换,文化的不同无非是变奏。人们可能觉得,列维-斯特劳斯的结构人类学属于一种宏大的"归纳计划",它追求在丰富多彩的人文世界里归结出一个枯燥无味的"语法"。但列维-斯特劳斯的理论没有那么肤浅,他坚持的是一个深刻的论点:人的共同生活,是建立在区分基础上的,就像有男女之别,人才能生育,才能保持种族的绵延。"君子和而不同,小人同而不和。"性恶论者用"同而不和"的理性论来解释人的本质,而作为典范人类学家的列维-斯特劳斯,则主张不要将人都看成"小人",人其实是"和而不同"或"不同而和"的动物。这个观点一方面是针对文化差异论,另一方面是针对阶级差异论说的,它的意思是说文化与文化之间、人群与人群之间、阶级与阶级之间的差异不要紧，因为这种差异让我们懂得人如何生活在同一个空间。

　　在结构人类学中提炼出来的一致性与多样性的辩证法，从一个角度再次强调了现代人类学的基本精神，它曾在战后三十年里，被承认为人类学的最高成就。但几乎与结构主义出现的同时，英国人类学家埃文思－普里查德开始对人类学的使命进行重新的认识。在很多地方，他批评了现代人类学早期"文化科学""社会科学"论调，说人类学一如历史学一样是人文学，这种人文学的特殊追求是从事"文化的翻译"，就是用一种语言将不同的文化解释出来，将自己的认识放在不同的认识里考验。稍后一点，在韦伯理论的脉络下，出现了解释人类学（interpretative anthropology）这个说法，它与结构人类学看起来在唱反调，但所起的作用也是对于差异的尊重。这个学派的代表人物格尔兹，是帕森斯的高足，自称他自己的思想理路主要来自韦伯的理想型概念。与法国的结构人类学不同，解释人类学试图展示人文世界的丰富性，认为这种丰富性的展示本身，就是人类学家的使命，人类学家没有必要急于从人文世界归结出当地人不知道的"科学规律"，而应将主要精力放在认识人文世界存在的对人、生活和世界的不同解释。解释人类学当然不停留于此，它还试图进一步阐述社会中的人的解释与我们知识分子之间的解释的关系，认为我们不要轻易地将自己抽离于社会之外，要意识到我们的表述也是社会的表述。

　　意识到"表述也是社会事实"，就是意识到人类学家的生活也是社会生活的一种。在这个意识形成之后,过去的三十年里,人类学界又出现了"后现代主义"(postmodernism)的说法。大凡属于后现代主义的,对现代人类学都持一种反思的态度,说人类学的现代主义者,将自身定位为非西方文化的代言人,定位为超越人的"科学家",认为这本身是一种支配性的行为,它的缘起与西方启蒙的世界统治地位有密切关系。于是,后现代主义者启动了对西方认识论进行总体反思的运动,试图从人类学家与被研究的文化之间的历史关系、权力关系来认识人类学的品质。然而,在大的价值论上,后现代人类学继承了现代人类学的很多观点,它用新的语言更为明确地阐述了现代人类学的人文价值论:从"非我"那里看到"我"是认识自己的身份、对自己的文化形成自觉的途径。

这样的人文价值论有什么价值?后殖民主义者认为,它的价值仍然只能在西方现代性的知识/权力扩张中得到体现。像东方学那样,人类学服务的是西方把握这个世界的计划。如果这个"后殖民主义"的批评符合真相,那么,六十年前这门学科在中国的消失应说是一件不坏的事。但问题没有那么简单。当人类学被肢解为不同的知识门类,当人类学被扣上"资产阶级学科"的帽子时,知识与权力之间并没有分离,知识被纳入了另外一种权力的场域中去了。知识是一把双刃剑。老子曾说,为了建设一个合理的天下,要首先"不尚贤","使人不争"。欧洲哲学家们开始对知识的权力意志进行反省的时候,也想到"沉默"这个与"话语"相反的策略。但所有这一切都没有让人类学家停顿对于不同的人文世界的探索,因为正是那些与现代性话语距离最远的"沉默的文化",从远方传来声音说,"念天地之悠悠",人若不在天地里看到自己有限,人的世界也就失去了它的内容。

　　人类学者的成年,要从"儿童"变成"成人",而"成人"后,还要"四十而不惑",要经历不断的再思考,才能达到"解惑"的目的。

富有意义的洞察

和其他科学一样,客观的人类学应该不受"现实"方案的束缚,这是重要的——甚至比其他科学更有此必要,因为人类学的研究结果和人类生活的关系太直接了。

——雷蒙德·弗思

　　雷蒙德·弗思(Raymond Firth, 1901—2002,左一),英国现代人类学的奠基人之一,由于他为人类学找到广泛的社会支持,而被誉为"英国人类学之父"。他的研究集中于蒂科比亚人的田野工作,对伦敦东区的亲属制度,也展开探讨,论著广泛涉及社会组织、经济人类学、宗教人类学和艺术人类学等。图为弗思夫妇。

广义的人类学，综合了自然科学、社会科学和人文学的因素，它对人的身体的研究，属于自然科学，对于社会的研究，属于社会科学，而综合了考古、语言、文化等方面研究的文化人类学，具有更多的人文学色彩。要成为一个人类学家，要敢于求知。诸如波亚士和列维–斯特劳斯这样的老一辈人类学家，他们的博学是罕见的，他们的学问既像屈原的《天问》那样，敢于探索"邃古之初谁传道之"的问题，又像《礼记》的作者们那样精于翔实地记述各种制度和风俗的规则。这些经典的人类学家广泛涉猎有关人的"身"和"心"，对于种族、语言和文化问题，都有深刻的哲学领悟。不能说他们一个个都能超越古代哲学家，但那些博学的人类学家，追问的问题确实很多。

开拓广阔的视野，是一百年来人类学大师们的主要贡献。在认识论的层次上，这些贡献让越来越多的人接受了一种朴实的人文主义理想：研究人不能像博物学家那样，将人当成物来陈列，而要意识到我们研究的对象,与我们一样有他们的认识论、价值观、能动性和创造力。因而,人类学要关怀人在这一层次上的"真相",将自己的注意力集中在体现人的特性的文化传统和创造上。注重人的文化传统和创造的人类学,不排斥人类学其他领域的成就,它从体质和生物的人类学研究中,领悟了人性论的特定文化意义和"物"的科学的特定文化局限,从考古学和史前史的研究中,领略了人的历史的丰富和文明进程的复杂面貌,从语言学的研究中,领教了人认识这个世界时受到的来自自身的符号创造——语言、文字和思维——的特殊囿限。因为自己的文化给我们划定的圈子,人类学家转向"他者",期待在那里获得种种遥远的洞见,种种认识论的距离,期待通过超越自身来认识自身。在跨越文化的过程中,人类学曾陷入了种种困境,其中帝国主义、殖民主义、民族中心主义及现代性,曾阻碍人类学家向真实的人文世界迈进。带着"启蒙"面具的文明论,曾蒙蔽一代人类学的大师。经历了几次认识论和价值论的阵痛,人类学家终于在 20 世纪的前期创造了新学理,他们以文化的互为主体性为主旨,在广阔的视野中,为我们呈现了一个丰富多彩的人文世界。

1 人类学的人文主义

一门学科,有它特定形成和发展的历史,不像神话传说那样,依靠口头或文献的流传弥散于人间。在那个并不长远的学科发展史里，人类学获得了某种与其他学科区分开来的研究方式、论述风格和问题意识，形成了自己的特殊性，这种学科的特殊性进而构成"学科"的主要边界线。人类学的因素曾活跃于古史的各种想象中，但它的学科体系主要是近代的产物。从广义的人类学，到现代人类学对于文化和社会问题的关注，到生活方式多样性的研究，到文化变迁的探究，到自己体会的"人类学互惠"，这种种的描述，种种的分析，种种的探索，表达了人类学的基本精神。人类学知识产生于社会，来自对人的世界的参与观察和体会，它向来没有脱离社会的思想与实践。作为一门关于人怎样生活在这个世界上的学问，它从非西方的、"原始的""古老的""简单社会"出发，深入到人类生活的最基本层次，让我们透视了人类生活所受到的约束与享受的自由，让我们在一个遥远的地方和一个久远的时代，体会到我们今天生活的时代性，体会到它的合理和不合理性。

"道可道，非常道。"一门用文字堆积起来的学问，不能言明人最微妙的层次。但是，人类学的撰述和洞见，却能使我们产生一种对自己的"陌生感"，能在这种陌生感中产生一种客观的认识，使我们的主观性落在一个"他者"的世界接受拷问，由此产生一种油然而生的认识论和价值观的"移情"。这样一门学问教的不是怎样治理人，而是怎样理解人；教的不是怎样在社会中获得经济和政治的成功，而是怎样理解人的经济和政治追求；教的不是怎样相信一种宗教、一种教条、一套生活的规矩，而是怎样理解它们的特定社会逻辑和宇宙观逻辑。因而,相信"学而优则仕"或"学而优则商"信条的人,读了人类学会觉得这是一门"无用的学问",是一种"衣食足"以后的额外享受。然而,人类学的信条是:一门对人最有帮助的学问,一般不是那种能使一个人支配另外一个人、使一个人利用另外一个人的技巧,一般不是追求权力和利益的手段,而是一种"离我远去"的思想,这种思想没有直接可见的用途,却具有启迪人生、改良社会、陶冶情操、深化思想的力量。

人类学的物化表现,是书本、民族志、博物馆、地图、照片、视觉艺术。阅读、观看可感受这些物化的人类学成果,能给予我们什么样的收获?培根说,书本能用来阅读,也能用来摆设。书本如此,其他类型的记录也如此。但是,无论能从这么些东西、这么些形式里"解读"出什么,无论人能从它们中找到什么可供修饰自身的花样,人类学的物化表现说明的没有别的,只有文化的多样性和生活的多种可能性,只有"我们自己"必须知道的"自己的局限"。在当代世界里,"一"这个概念支配着"多",哲学家希望有一种解答"一个或所有问题"的答案,政治家想一统天下,商人想一劳永逸,艺术家想一鸣惊人,学者想举一反三……而人类学是一门笨拙的学问,它要求我们像笨人那样堆砌可以堆砌的资料,用痴人的目光去关注同一项简单的事物,像缺乏概括能力的人那样,停留在具体的事项里,寻找它们的"多"及"多"的共生结构。从事人类学研究的人,于是要经历"寂寞的田野生涯",也要忍受人们对他的烦琐的"相对主义""多元主义"及"非决定论"的斥责。但是,人类学家没有失去他们的乐趣，也没有丢掉自己的价值观。"志于道，据于德，依于仁，游于艺。"他们努力找寻着久远的文化——石器时代、原始的野蛮人、"落后的乡民"、流失的神话、古代君主的祭礼、都市的贫民窟、穷乡僻壤、少数民族……

2　人类学的用途

　　用学科的用途来定义学科的品质，会令人知道学科的用途而不知道学科本身。所以，谈应用人类学，会引起一些人类学家的反感，一些同好甚至会站出来抗议，说人类学是人类学家的事情，应用是别人家的事情。我不认为人类学没用，但我同意一种观点：人类学并不是没有实际用处，只是它的用处不能满足急于求成的人，也没有立竿见影的效果，它追求一种非一般意义的实效。了解人类学学理的人，也能了解人类学的意义和价值，学问有什么用，不需要有人来专门赘述。一些经典人类学家追问的，像《天问》追问的，是邃古之初人与自然的创造与神话。这种学问的意义，在于思想的启迪、知识的增进与文化的理解。另一些经典人类学家主张风俗习惯构成社会，是因为要反对将社会当成是法权制度的成果。这种观点，这种知识，倘若有什么意义，便一定也是启迪和理解，它确实是与现代社会和现代政治观念形态的反省有关，但不能说是一种实用的政治学。

在人类学界,不乏学者致力于同时考察学问的价值与现实的价值。例如,研究发展的人类学家,似乎是一批企求用人类学知识来推动现代化进程的人。然而,仔细阅读他们的论著,仔细观察他们的活动,我们会知道,他们在发展计划中起的作用,是提醒发展计划的执行者要谨慎对待发展的主体及他们的传统,是提醒人们不要误以为传统的死亡就是发展的理想,是提醒政治家和商人"物"的增添不等于人的幸福。在发展中地区,传统上的社会由风俗习惯构成,它们的"社会秩序"不一定是在明确的法权观念上生成的,原有的社会形态需要深深地扎根于原有的文化里,才能保障人文世界的稳定与繁荣。这样一来,发展人类学拒绝政治实用主义的急躁情绪,它追求一种特殊的应用价值——指出"发展"这个概念可能要与被研究的那个地区的"人"的观念并接,才能找到合理的诠释。发展人类学还可能是一种对发展问题的评论,它采取的非决定论、相对的文化价值观,能令人们对文化多样性的保护尽更大的力气,能令人们预见到,当一个民族失去他们的神话、象征、礼仪、风俗、互惠形式后,会有什么样的后果。

人类学在原有的分支研究领域基础上,也发展出了一些名称上显得"实用"的人类学类型,如**都市人类学、民族医学(或医学人类学)、民族科学(或科学人类学)、民族艺术(或艺术人类学)、民族音乐学(或音乐人类学)**。都市人类学分两支,一支研究非西方城市化的历史,尤其是像玛雅文化中的城市和古代中国的城市,关注的是城市的文化体系,另一支研究当代都市的少数民族群体、贫民聚居区和都市流动人口的生活面貌,关注如何在发达的都市里保护弱势群体的利益。在欧美,不乏有人将现代城市误作现代文化的典型反映,都市人类学的前一支能提醒人们,在古老的非西方文明里,城市向来有它的重要地位。怎样看待我们今天的都市生活?都市人类学的这一分支,能为我们提供不可或缺的洞见。随着现代都市的发展,社会等级、人际关系、福利、人口、犯罪都成了重要的社会问题。关注都市中的"底层社会"的都市人类学家,观察到的事实与现象,有助于我们更深入地理解社会问题,有助于不同人群在城市里的相处。

民族医学研究的面,涵盖了非西方病理学和医疗学,特别是现代西学和医疗体系以外的传统治疗方法,包括仪式治疗、宗教治疗、草药、针灸等等。从事民族医学研究的人类学家,注重理解不同文化怎样解释疾病、怎样处理疾病,从这中间,他们了解到了种种对疾病展开的社会解释,他们变得对整体论的病理学和医学怀有极大的关注。在西方医疗逐步支配世界的医疗现代化过程中,这些病理学和医学模式的地位怎样摆?在现代医疗方式不能解决所有问题的情况下,传统民族医学能给我们不少的帮助。在欧洲和美国,这些民族医学形式逐步被承认,人们用"替代性医药"(alternative medicine)来给民族医学定位。人类学家研究的那些曾经显得古怪、充满"迷信"的东西,正在以勃勃的生机得到蓬勃发展。而人类学家的研究说明,传统的民族医学既没有脱离社会的整体,也没有脱离特定民族对于世界的特定认识。人类学家将特定民族对于世界的认识,称为"民族科学",意思是说,要用给予非西方民族和各国境内的少数族群与社区的认识论和宇宙观以"科学的尊严"。这种研究,其实对"科学"的自我认识、反省和进步有很大帮助,但尚未引起广泛的关注。

从 20 世纪初期起,世界各地受到来自部落社会和乡民社会的艺术和音乐的影响很大。法国的超现实主义艺术,它的启蒙大凡来自非洲的原始艺术,美国的爵士乐、摇滚乐等等,也与黑人有密切的关系;而在像中国、印度尼西亚、印度这样的多文化国家里,少数民族的艺术和音乐对于人们的精神生活也有很深刻的影响。民族艺术(美术)和民族音乐的人类学研究,正在逐步受到人们的关注。对于这些人类创造的跨文化比较,使人类学家产生两个方面的研究旨趣,一方面人类学家试图通过民族美术和民族音乐的研究来呈现文化的差异,另一方面人类学试图从这些研究中提炼出有关文化的社会生产过程的理论。无论是哪个方面,求索美术和音乐古老形式的人类学,对于世界文化的"和而不同"的繁荣发展,有着巨大的贡献。

人类学的实际用途,没有脱离人类学基于文化的互为主体性基础上提出的一系列有关论述。对于发展、都市、民族医学、民族科学、民族艺术、民族音乐的研究,使人类学家进一步确信,从"他者"那里获得对自身的认识,对于一个社会、一个文明体系有多重要。从"他者"延伸开去,人类学家可以从事很多方面的研究,可以促进很多事业的发展,而人类学家若是忘却了"他者"的意义,他们的

"应用研究"便不能获得真正的意义和价值。好的人类学追求对"现实方案"的超越,只有当更多的人把握这种好的人类学,人类学才能真正有用于人类生活。

超脱式的人类学,是富有意义的。在欧美,社会的改良,文化的多样化,艺术的繁荣,尚未脱离人类学的启迪。在中国,民族关系的处理、乡土的重建、城市化的道路选择,向来也离不开人类学家的参与。在一个"全球化"的时代,社会变得越来越开放,人们接触其他民族和外来文化的机会越来越多了。随着科技的发展,电脑和"生育技术"的发展,给人的世界带来了一些根本性的变化。怎样理解这些变化?怎样更好地处理科学技术在文化中的地位?怎样理解它所带来的文化和伦理问题?种种问题等待着更多人类学家来研究,而学科提供的那些关于人的生活方式、制度、传统和变迁的洞见,不仅没有随着时间的推移失去意义,反而在新的世界里不断获得新的生命。对于一个开放社会来说,人类学知识是不可或缺的,人类学家的工作是不可轻视的。人类学使人更平和地面对人在世界中的地位,使人更平和地对待他人。这样一种世界观,这样一种伦理价值,可能缺乏"硬科学"冷酷的"真",但它那来自深远的历史的"忧郁",却能使人更冷静地对待自己的创造,更真心地保护自己的传统。

3　人类学的"中国心"

西方人类学曾乘坐航船,在 19 世纪末来到中国,通过进化论的"文化翻译"之路,登陆在中国大地上。最初,这种学术研究门类吸引国人之处,是它的"进步论"。随着中国学者进一步接触现代人类学派,大致从 1926 年开始,我们的学术界出现了相对的文化观。早期的中国人类学学科建设者们,像欧洲人类学家那样,将人类学知识追溯到上古时代。欧洲人类学家说,希腊的历史学家,最早阐述了"野蛮人",而中国人类学家说,《山海经》已经有了中国世界的"他者"。种种的联想,包含着种种的期待。老一辈人类学家期待从古史的证据中归纳出一个论点,主张用文化相对的眼光来看一门现代的学问,主张在本土知识的基础上发挥现代人类学的作用。

简单说中国富有人类学资料,恐怕不异于蔑视国人的思想能力。从中国文明的黎明开始,中国人就走上了人类学思考的道路。《山海经》《诗经》《礼记》《史记》《汉书》,及后来的种种诸番志,是中国民族志、民族学和人类学的原典。在英国人类学家布朗登陆安达曼岛之前的近一千年,中国的志书里已经有了这个岛屿及对这个岛屿展开的民族志描述。即使我们硬要将人类学当成现代的学问,即使我们要严格地按照现代科学的近代起源来论述人类学,我们的人类学史应当也有一百余年了。在过去的一百年里,中国人类学的成就一样的巨大。虽然没有一个外国人类学家真正认真地阅读中国人类学家的论述，但是这些论述本身存在，成就本身重要。一百多年来，中国人类学家集中研究国内的少数民族和汉族的农村聚落，从"华夏"的民族边缘和乡土边缘来观察华夏中心的现代命运。我们甚至有李安宅对美洲印第安祖尼人的探究，有费孝通的"访外杂写"等等这些从中国人类学家的眼光来观察"他者"的试验。

说中国人类学没有历史，那是无知。可是，在中国人类学家自己的论述里，我们看到了一次再一次的"学科重建""学科介绍"的努力，给人留下一个不可磨灭的印象，好像到今天我们的人类学还在"建设"之中。印象是这样，事实也是这样。中国人类学确实走过一条曲折的道路，跟着学科的繁荣来到的，是学科的衰落，跟着学科的衰落来到的，又是学科的繁荣……循环往复，像是传统社会的朝代周期。在过去的一百年里，学科繁荣和衰落的节奏，与我们国家政治变迁的步调是对应的。人类学在种种的运动中被"革命"，但最终它没有失去它的生命力。为什么这样？这似乎应当归功于近代人类学的"进步论"的"中国化"。近代人类学思想经观念形态的传播，给中国的民族复兴运动带来了希望和技艺。而过去六十年来，这样一种观念形态依然起着它的作用，人类学的名称虽受到长期的压制，但它的古老思想却被一个伟大的民族实践着。这样说当然也不公平，因为整个现代人类学的"世界史"，似乎也是"进步论"遭到越来越深刻的反思的历史，而这个比较是不是意味着中国人类学没有跟上世界的潮流？答案不是那么简单。但有一点是肯定的：

在"进步论"成为主流的时候,中国人类学曾经提出的那些有益的观点,被压抑了下来,成为"边缘思想",甚至被指责为"资产阶级思想"。这种压抑和改变,使人类学还要面临一个复兴的使命。

学科建设与国家建设的对应关系,是西方社会科学的核心关系,也是中国社会科学的核心关系。在过去的一百年,中国人类学家以人类学在国家建设中的作用来开拓人类学生存的空间。然而,也是这种被不断论述的期待,使我们忘记了一个重点:倘若人类学不能采取更广阔、更深远的人文世界观来看待"他者"与我们民族的"本己",那么,这门学科就会陷入自身的困境,难以从现代文化的局限中自拔。现代文化令很多人兴奋,但人类学家要告诉人们的恰好不同:那些被现代人当成是"边缘"的人文类型,正是人类学观察、人类学思想的核心。如果本土人类学家不能尊重被研究者自己的"世界",不能尊重学科研究本身的"核心",不能在"他人"那里展望"自我",人类学学科就失去了它的独特性和魅力。对于中国人类学来说,失去这些东西,不只是失去"西学",而且还是失去古老的《山海经》和诸番志给我们留下的遗产,失去我们的"天下观念",失去人类学的"中国心"。新的中国人类学怎样克服问题,重新面对我们和他人的传统? 在这一深重的历史反思面前,我们变得豁然开朗:中国人类学家,还有很多理想需要去实现。

附录:近代人类学史的另一条线索①

1970 年代以来,人类学之"形成"(我之所指并非"起源"的历史,而是不断形成的历史)得到了深入研究。其中,有影响者,除了专业人类学家阿萨德(Talal Asad)所编的《人类学与殖民遭遇》(上面所引的那段话,即出自该书的一篇论文)②之外,还有评论家萨义德(Edward Said)之更有冲击力的《东方学》③,更有于 1980 年代出版的费边(Johannes Fabian)的《时间与他者》④、斯托金(George Stocking Jr)的《维多利亚时代人类学》⑤及麦克格兰(Bernard

---

① 本文原刊于《西北民族研究》2012 年第 3 期。

② Talal Asad ed. *Anthropology and The Colonial Encounter*,Highlands, N. J.: Humanities Press,1973。此书收了不少文章,观点并不单一,但有一个共同针对点,即,所谓"中性"的功能人类学的殖民主义政治经济背景。研究的民族文化对于人类学是一种"世界权力的辩证",人类学家以同情的态度记录土著文化,并因此可以宣称对其所研究社会的文化遗产有贡献,但与此同时,他们对于殖民体系权力结构的维持,也有贡献。

③ Edward Said, *Orientalism*,London and New York: Penguin, 1978。此书可能译为《东方论》更好,但译本称《东方学》,总比翻译为"东方主义"更好。此书不是人类学之作,但在人类学史研究中影响很大,研究的是西方是如何美化与浪漫化"东方",如何通过浪漫化支配"东方"。

④ Johannes Fabian, *Time and the Other*: *How Anthropology Makes its Object*. New York: Columbia University Press, 1983.

⑤ George Stocking, jr. *Victorian Anthropology*. New York: The Free Press, 1987.

McGrane)的《超越人类学》①等学科史著述。

近期人类学学科史之作多数重视对于观念形态的研究,其共同点是试图将西方的他者表述重新放在其所处的历史中考察。

《时间与他者》论述西方人类学叙述中的时间观如何从宗教中摆脱出来成为自然化的时间观,并由自然化的时间观转变为空间上的自我与他者二元观。

《维多利亚时代人类学》从维多利亚时代社会心态的变迁看英国人类学的出现及多元化,尤其论及文明概念在近代的他者论述中得到再建立的历程。

《超越人类学》借助福柯(Michel Foucault)的思想,重新梳理了文艺复兴以来西方他者观的演变。

以上著述贡献无须赘言,但它们并非定论。若我们将之与过去的人类学史作联系,使之相互参照(而不是局限于近期之作),似可得另一些人类学史的"感想"。

首先,既往人类学史之作多强调,人类学原点应该是像古希腊希罗多德或中国的司马迁之类人的史书,可谓"源远流长"。而不同于既往作品,所列举的近期人类学史之作,有"近世中心论"之嫌。它们侧重呈现近代殖民主义与现代性经由人类学对于非西方"异类"的"覆盖"过程。而这一过程与古代人类学的形成之间关系

---

① Bernard McGrane, *Beyond Anthropology: Society and the Other*, New York: Columbia University Press, 1989.

为何?

大致说来,上古时期,像希罗多德、司马迁这样的人,很重视描述历史和现实生活,且对自身之外的种族、民族、社会给予重视,在他们的史学行动与书写中,已蕴含了后世人类学家侧重的经验主义他者论。

人类学之"中古时代",是其"上古时代"的变异。到"中古时代",经验主义他者论为宗教的"神论"及帝国的"宇宙论"所取代,信仰与文明的自我中心主义,变为主流,上古"人类学"之辉煌往日不再。

"中古后期",欧洲出现"文艺复兴",其追求,乃在"克己复礼",在上古之启迪中寻找克服"中古"之局限的方案。

《时间与他者》一书的作者认为,近世人类学的前身在中古时期,彼时,相继在基督教内部存在魔鬼学和教父人类学,前者指基督教对于魔幻异类的形容,后者指基督教教父对于异域之"野人"的不同看法。魔鬼学时期,后来人类学的"他者"被当作魔鬼来形容,到教父人类学阶段,开始出现一个辩论,教父"人类学家们"企图解释到底那些"野人"是否"人类",他们把这个问题"宗教化"为异民族究竟是否上帝造的、是否亚当的孩子之类的问题。后来西方学术关于种族与文化的普遍主义与特殊主义争论,与此密切相关。到了近代,所谓"近代人类学",在反叛教父人类学中诞生了,自然科学给了人类学自然时间观和物理空间观,欧洲国家内部的阶级差异引发的社会思潮给予人类学世界性的"差异论";基于诸如此类的观念,及围绕它们而生成的"体制",西方人类学微妙的"殖民现代性"诞生了。

若以上线索尚能反映事实,则人类学之近代形成史,不乏悲哀之处。

其次,在人类学的"古史"背景下观察其在近代史中的流变,我们不仅能看到以上学科的"历史进程",而且还能看到这门学科在历史过程中的"跨文明变异",而这些"变异"本应成为学科史重点讨论的问题,却依旧等待着言说。

诚如华勒斯坦(Immanuel Wallerstein)等在《开放社会科学》①中指出的,世界体系本是由民族国家构成的,而学科本身也跟世界体系里面的民族国家有直接关系。

所谓"民族国家","经典样式"出自欧洲,指摆脱了教权的世俗国家。

包括人类学在内的社会科学诸学科,都是作为世俗国家的一个辅助体系于19世纪中叶出现的。

形成于近代欧洲的近代人类学不但是一种在政治体系下形成的知识体系,其自身亦可谓"文明"。

按埃利亚斯(Norbert Elias)的定义,所谓"文明",大抵可以说是一种有自我控制能力的"高级社会生活模式",其欧洲史,起始于宫

---

① 华勒斯坦等:《开放社会科学》,刘锋译,三联书店1998年版。

廷社会与贵族,之后才向民间和异域扩散。①

若"文明"真是此等事物,则人类学也大约等于文明:作为文明的人类学,首先诞生于贵族的摇椅上,是有自我控制能力的"文化"(人类学尊重他者之说,可谓是最表现这一"自我控制"能力的层次),接着,它也有一个向社会和世界扩散的过程。

若要说明完整的"人类学文明"之谱系,便要研究这一文明如何成为"其他文明"。

我曾参考吉登斯(Anthony Giddens)的概念②,将故事叙述为不同类型的民族—国家"社会"的历史。③

这一历史可再组织为如下:

不同于古代中国,罗马帝国在维持不久后,就分裂成众多小王国,这些王国为其后近代的民族国家提供了王权理论的基础,使其顺利建国。

在欧洲这个地方,分布着很多国家,它们虽小,但有比帝国高的内在凝聚力和相互之间的扩张竞赛。这就使这些国家容易诞生政治学和人类学。在扩张竞赛中,19世纪时,英法是处于优势地位的,于是有更多的将国内的政治思想与国外的文化结合研究的想

---

① 埃利亚斯:《文明的进程》,上卷,王佩莉译,下卷,袁志英译,三联书店1998—1999年版;《论文明、权力与知识》,刘佳林译,南京大学出版社2005年版。

② Anthony Giddens, *The Nation-State and Violence*, pp. 267—275, Cambridge: Polity, 1985.

③ 王铭铭:《我理解的"人类学"大概是什么?》,载《西北民族研究》2011年第1期。

法,催生了"海外民族志"。

"海外民族志"传播到了白种人居上的海外殖民地美洲、澳大利亚这些地方去了。

白种人在把美洲和澳大利亚的土著清除得差不多之后,迅即建立了他们的"殖民化国家"。在诸如美国、加拿大、澳大利亚这些"殖民化国家"里,自我与他者不好区分,自我本是来自殖民宗主国(如英法)的,但与后者有利益和面子之争,它们特别热爱独立,而他者又近在咫尺,如不远处的美洲印第安人和澳大利亚土著。

于是,这些国家的人类学有双重心态,一方面,它尤其重视向殖民宗主国的人类学学习"学理",另一方面,它的他者不像后者的他者那样身居海外,而只是在海内。

在"海外"欧洲文明出现了殖民化国家这个变种,在"海内",在欧洲本土,文明也不一致。比如,英法和德国、俄罗斯,相互之间是有明显不同的,前者用等级主义的文明论来构筑"和谐社会",后者用平等主义的文化论来培育"爱国激情",前者"先进",后者"后进",后进在追赶先进的过程中萌生了一股"气",企图用自己的器具和思想来抵制前者。在这个过程中,人类学文明也产生了它的变种——ethnology。①

"Ethnology"是一种既雷同于英法人类学又有自身特色的东西,

① 关于德国民族学,见杨堃:《民族学概论》,中国社会科学出版社 1984 年版,第39—41 页。

它可译为民族学,也可译为民俗学,既有对于人文世界之异同的跨文化研究,也有集中于欧洲本土文化之研究的成分。符合这种人类学文明变种之标准的,除了德国、俄罗斯之外,还有东方的日本。[①]

在日本学术史上,民俗学和民族学并存,前者研究海内,后者研究海外,一个追求国族的文化精神,一个追求国族的世界视野,两相配合,造就了近代日本人类学。这种人类学文明直到1990年代才放弃了民族学这个称呼。学界把有"民族学"的国度称作"现代化国家",意思为,这些国家因是"后发"的,故尤其追求现代化的程度,而为了现代化,极端重视技术的发达与人民的团结。人类学文明正是在这两个方面有所作为(这些现代化国家的"民族学"精于技术的发明与传播之研究,也精于"民族精神"之研究),所以也得到青睐。

近代人类学在欧洲出现之初,分歧即已存在。在"斗争"的两边,一边,研究者主体与客体是分离的(如英国),另一边,二者之间是一致的(如德国)。20世纪到来之后,主客二分成为人类学的典范特征。于是,无论是在殖民化国家,还是在现代化国家,一俟时机成熟(尤其是当这些国家具备对外扩张的力量之时),原本主客一致的"民族学",都可能随海外研究对象的出现而转为主客分立的"人类学"。如,在殖民化的美洲与澳大利亚,主体与客体本属同一

---

① 关于日本人类学之他者论与殖民主义之关系,见刘正爱:《人类学他者与殖民主义——以日本人类学在"满洲"为例》,载《世界民族》2010年第5期。

国度,但随着这些地区世界视野的拓展,他者已不局限于本国的"内在他者"(即"土著"或"原住民")。又如日本,其 19 世纪的民族学家本致力于本民族体制与文化起源之研究,但随着 19 世纪末帝国势力的海外扩张,从事"海外民族志"蔚然成风,渐渐成为日本人类学的特点,此时,自我与他者依然分立。

除了古典民族国家、殖民化国家及现代化国家的人类学之外,还有人类学文明的"第三世界"(吉登斯将之称为"后殖民国家")。

在两种情况下,"第三世界"的人类学文明比欧洲古典国家的人类学文明甚至还要古老一些。其中,一种情况是,当下身处"第三世界"的一些国家和地区,本是帝国的主人,在帝国时代,它们有"帝国的眼睛",于是存在人类学或接近于人类学的知识体系是必然的。如,古代中国,便有不少"海外民族志"和方志;另一种情况是,诸如拉丁美洲、东南亚之类地区,葡萄牙、西班牙、荷兰先于英法成为霸主,也先于英法使用民族志的方法来描述和控制其"被殖民者",这就使我们不能将其人类学文明归结为后者扩散之成果。比如墨西哥的人类学,似乎由两类构成,一类是西班牙式的人类学,侧重将欧洲人的来临描绘为墨西哥历史的起点,其博物馆展示的是欧洲人在墨西哥的历史,展示的是欧洲文明在墨西哥的扩散,另一类,大概是"杂交种",血统里有土著成分,一旦成为学者,就会想要追问在欧洲人来以前墨西哥本地的历史究竟是怎样的,因此构造成一个"杂交种"的本土主义人类学,其关怀就是寻找在欧洲人之前的本地文化的遗产。这种土著主义的人类学常跟考古学结合在一起,就像中国的土著主义诞生时,会出现李济这样的人,硬是在中国挖出一个年代不太晚于两河流域文明的商文明。然而,就 19 世纪后期以来的情形看,"第三世界"的人类学文明,还是古典民族国家人类学文明扩散的结果。所谓"第三世界"当下已由一些后发的非西方"新国家"构成,这些国家,有的是由古代的部落社会归并而来,有的是由古代的帝国分化而来,它们因时后发的,故在文化心态上有与现代化国家相近的地方(甚至有过之而无不及)。但不同于后者,这些后发者迄今为止都有本土主义的极端心态,在这一心态下,易于产生本土主义人类学文明,这种文明基于国内地区—民族融合的需要,孕育出它们的"本土人类学"。这种人类学在研究内容和方法上都接近于美国、加拿大、澳大利亚曾经有过的东西(后来这些殖民化国家之人类学眼光也转向了海外),但在研究对象上则不同——它一向侧重"本土研究"。

可见,要书写一部完整的人类学"世界史",单凭诸如阿萨德、费边、斯托金之类的"欧洲中心的历史观"是不够的;要书写这样一部历史,光有近代史的眼光也是不够的。

欧洲并非唯一有关于"本文化"与"异文化"的文明(古代中华文明便有过大量的"自我反思"与"他者论述")。那么,其他文明又如何表述他者?

在所谓"第三世界"的人类学中,有过帝国时代,且有过自己的人类学。① 这些古老的帝国,多数身居地球的北部,与近代世界体系

---

① 王铭铭:《西学"中国化"的历史困境》,广西师范大学出版社 2005 年版,第214—288 页。

的中心一样,属于"北半球"。

1990 年代初,有身处"南半球"的人类学家提出了新号召。2001 年,我创办了一本因各种原因而只出了一期的人类学杂志《人文世界》,刊登了"南方人类学"讨论的缩编译稿①,根据这些文章,构建不同于"北半球"的"北方人类学"的"南方人类学",意义重大,这种新人类学是"土著研究土著""社会的公民研究自己",因之,会有比"北方人类学"更真切的探求。

一方面,"南方人类学"之论调是可以理解的,但另一方面,论者在强调"社会的公民研究自己"的观点时,不可理喻地忘记了一个重要的历史事实:无论是"社会",还是"公民",都是西方的观念。论者在使用这些观念时如果不加澄清,则其论调必然受制于这些观念。其实,历史上所谓的"南方",在被殖民化之前,正是身处在"非公民"的社会形态中,要真的创办一种基于本土的新人类学文明,本应对这些社会形态有所研究和思考,但宣扬"南方人类学"的人,对此实在连理解都没有,他们的本土主义,于是不过是欧洲古典民族国家思想的翻版。

我们说,多数帝国都出现在"北半球",还有一个含义,这就是,北半球上的文明并非单一,其人类学也不会单一。在"北半球"出现过"轴心时代",从公元前 8 世纪开始,欧亚大陆的东、中、西部出

---

① Tim Quinlan:《南方人类学》,褚建芳译,载王铭铭主编:《人文世界》第 1 辑,华夏出版社 2001 年版,第 244—250 页。

现了"思想者",这些有的成了宗教领袖,有的保持其哲学家的身份,在他们的影响下(固然他们自己也是基于上古宇宙论发挥自己的思想的),不同的版块形成了不同文字表达传统,其中有不少便含有人类学的成分。

其三,至今,人类学史的研究,要么集中于"世界史",要么集中于"国家史",而生动的人类学史,要在"世界史"之"局"与"国家史"之"局"之间寻找"跨文明互动"的线索。有关于此,与"中国"相关的诸人类学之间的关联与差异关联,乃是极佳案例。

人类学的"中国史",难以摆脱自我与他者的这一纠葛。

如同西方,东方有着一部悠久的人类学史;所不同的是,所谓近代学术依旧可以说主要来自"西方"。

近代人类学的中国史有一大部分是由外国构成的。起先从事这一研究的主要并非华人(尽管当下他们有的自称"中国人类学者/家"(Chinese anthropologists),而是"外国人"。在他们的眼中,中国构成一个饶有兴味的被研究对象,任何中国人,都可能构成人类学的"信息提供人"。

人类学的中国史这一局部之展开,有三位前辈起到了重要作用,先有荷兰的高延(J. J. M. de Groot)及日本的鸟居龙藏,后有法国的葛兰言(Marcel Granet)。这些人物活跃于19世纪末20世纪初的学界,分别在厦门、台湾—东北—西南等边疆、北平等地考察,高氏注重从民族志体现中国古代经典传统的内涵,鸟居龙藏注重研究中国的周边,葛兰言与高延一样关注经典与"民俗"之间的关系,二者实为"汉学人类学"之先驱;三者各有不同的学科称呼,前二者自称民族学者,而第三位则为汉学兼社会学家。在他们的不懈努力下,中国成了欧洲与日本的他者。[①]

1920 年代,人类学的中国史出现了另一番景象。

在中国内部,随着认识文化自我之任务的提出、国家营造计划的实施及现代化的展开,两三派学者从不同侧面牵扯到人类学这门学科。

20 世纪上半期,文化自我认识、国家营造计划及现代化,都是针对中国的特殊历史遭际展开的,这一方面与世界的"南方"相通,但另一方面又有所不同:中国本非以国家为"权力之顶峰",而基于家、国、天下的理想来展开其政治生活。中国的阶级、国家机构及文字成熟很早,由这些机制构成的"文明",不同于"南半球"的部落与酋邦。[②]

历史上,"中国"这个概念并非"官称",其历史周期之"名",乃为王朝所分别定义。这些王朝的阶级地位、血统和"族群性"均非

[①] 我曾在《社会人类学与中国研究》(三联书店 1997 年版)中概述了西方人类学中国观的演变,当时的概述遗憾地未及日本人类学。

[②] 在人类学和民族学里,"天下"被分别形容成"多民族的国家"和"多地区的国家"。吴文藻将中国比作欧洲之整体,将天下的本质特征形成一个超民族的体系,其之下的"国",实为"地区",幅员等同于欧洲任何一个国家(《吴文藻人类学社会学研究文集》,民族出版社 1990 年版)。在这一观点的影响下,一些"局内"的中国学者以后来所谓的"多元一体格局论"(费孝通:《论人类学与文化自觉》,华夏出版社 2004 年版,第 121—151 页)形容了天下的"跨文化"原貌。而关于这点,1950 年代开始系统论述其观点的美国人类学家施坚雅(G. William Skinner)则从"华夏史"角度给予了阐述(G. William Skinner,"The structure of Chinese history",*Journal of Asian Studies*, Vol. 44, No. 2, 1985)。

不固定。作为理想的天下,也不总实现为帝国。在数个阶段中,天下仅是作为企图"得天下"的王侯争夺的"物件"而存在的。然而,无论如何,在生活于不同朝代的人们的心目中,天下才是该有的理想政体。

这一观念的根基到了19世纪中期已开始动摇,但中国人自觉到它的问题的根本性已为时甚晚。直到19世纪末,"文化自觉"才出现。刺激它出现的,是日本。如同欧洲国家,日本规模远小于中国,但是却能威胁"大一统"。其结果是,到20世纪来临之前,已有若干政治思想家从日本间接学到国族主义的观念,并将之用来比对中国自己的传统,得出结论,认定是自己的传统不适应时代。

清末,国族主义不过是纷争中的"思想战"的一个阵营,但到了辛亥革命前后,它已占据主流。之后,文化自我认识、国家营造计划及现代化,均基于国族之远景而设计。

正是在国族的转变中,近代"在中国的人类学"(anthropology in China)形成了。

1920年代之前,以汉语为表述语言的"本土学者"不过是借人类学的原来的启蒙民智,其工作局限于翻译。到了20年代,情况出现了变化。专门的人类学教学研究机构出现了,根据人类学的规范展开的研究也系统化起来。而此时中国的人类学家大多虽然受过西学的训练或熏陶,但是却未搬用其自我与他者分离法来营造自己的知识体系,而是主要基于德国、日本的民族学体系,及英美的"社会学",将本己所处的文化与社会定义为人类学的"被研究对象",

这就使"在中国的人类学"在研究对象的追求上有别于欧洲古典民族国家。一方面，中国地域广大，人类学家要研究"异类"，无须跨出国门，无须到诸如特罗布里恩德那样的海岛，就可在境内找到"桃花源"。另一方面，当人类学学科形成史中有了中国的"份额"时，不少对此推波助澜的学者实际上早已身居他乡，而他们在他乡除了对文本知识、风景和技术着迷之外，对于当地的"土著文化"（如伦敦的"地方文化"）学术兴趣不大。

解释"在中国的人类学"这一不易理解的方面，有一个重要事实，即，曾游学他乡的中国学者实施的更像是自我与他者的"内部化"。

那么，这一"内部化"是否意味着当年"在中国的人类学"与"殖民化国家的人类学"雷同？

一方面，当年"在中国的人类学"确有像殖民化国家人类学之处，如它不同于西欧古典民族国家的人类学，不研究海外的"未开化民族"，而主要关注国内的"他者"。

然而，另一方面，与殖民化国家的情形又十分不同，对于"在中国的人类学"而言的"内部他者"，不是自己这类人（"我群"）刚刚接触或征服的，而是有悠久的相处史。这一悠久的相处史，使所谓自我与他者不易区分。而所谓"内部他者"更有诸如农民这样的"阶层"，他们甚至是多数中国学者的祖先，是非异类。吊诡者，或许与这一难分你我的"自我—他者"之分有关，"在中国的人类学"又相当程度地接近西欧古典民族国家的人类学。西欧古典民族国家的人类学固然有一条清晰的自我与他者界线,但它也企图跨越这条界线。在其跨界的努力中,出现过将"没有历史的人民"视作欧洲"史前史"的承载者的做法,也出现过将这些"无文字、无政府、无金钱民族"美化为"道德他者"的做法。"在中国的人类学"也一样有着这种两面性,它也一面将"内部他者"形容成自己的"祖先",一面将这些"祖先""道德他者"。

中国人类学(或民族学)史论述[1]已反复告诉我们,在中国的人类学本来的主干,本来被称为"南派",所指即以中华民国中央研究院历史语言研究所的考古学家与民族学家为代表的"民族史学派"。包括院长蔡元培、所长傅斯年,及诸如李济、凌纯声之类突出的学者,对这一学派的诞生起到关键作用。蔡元培从1926年起写过若干民族学"讲稿",旨在说明民族志和民族学与中国古代文献的关系,及在中国开拓其新视野的必要与可能。傅斯年的旨趣甚广,在民族史方面主要著述有《夷夏东西说》,该文将文献记载和考古发现的"中国民族"的另类先祖——如商、东夷——容纳到了"中国民族"的叙事中,侧重以政治和生态地理学为角度,考察中国东西两部先秦时期的互动。李济有综合美国人类学四大分支的追求,但渐渐地,他的眼光集中于考古学,其对商代文明的考古研究之贡献有目共睹。凌纯声,曾留学法国,带着莫斯(Marcel Mauss)主编的《民族志手册》在边疆各地进行田野工作,其足迹的覆盖面,看起来

---

[1]　如,胡鸿保主编:《中国人类学史》,中国人民大学出版社2006年版。

大抵与鸟居龙藏接近。

蔡元培（1868—1940）

傅斯年（1896—1950）

李济（1896—1979）

凌纯声（1902—1981）

"南派"比日本人类学更加长期地致力于"族源"的论说。为了提出一种符合中国历史情况的"民族融合"之说,此派接受欧洲与美国的传播论的一个局部,将之与跨国的传播研究区分开来,将文化传播与民族迁徙限定于中国内部,使之服务于"中国民族"内部"民族势力"互动历史之论述。

由此,人类学家对国内的"异类"(可以是历史和考古学意义上的"民族史异类",也可以是"民族志田野异类")中做研究,犹如行走于"寻根"之旅中。①

而另一派,也就是与"南派"相对的"北派",则以吴文藻为代表,致力于在乡村社区研究中寻找中国的出路。这派也自称为"社会学的中国学派",并有"燕大学派"的他称,它奠基于美、英、加在华传教会 1919 年在华建立的燕京大学中。燕京大学虽是教会大学,却鼓励"开放社会科学"。思想开放的吴文藻也正符合这一使命的要求。他受西学教育,但雄心超越重复西学,而致力于"中国化"。②

吴文藻带领的"北派",也有研究历史的,但其旨趣本不在民族史,而在制度史,如瞿同祖关于中国法律史的研究,便是对于礼仪(社会制度)与法之间关系的论述;又如李安宅对于《仪礼》与《礼记》的"社会学研究",将礼定义为文化,可谓是对社会生活体制史

---

① 关于民国民族学叙述,见王铭铭主编,杨清媚、张亚辉副主编:《民族、文明与新世界:20 世纪前期的中国论述》,世界图书出版公司 2010 年版。

② 在他的带领下,一代中国"社会学家"成为有世界影响的学者。其中,费孝通、林耀华、瞿同祖,还有许烺光、李安宅,都出自他的学门。

的研究。①

吴文藻（1901—1985） 李安宅（1900—1985）

然而，"北派"更著名的研究是诸如费孝通和林耀华的乡村社会著述，前者堪称以民族志眼光解释世界体系下的中国乡村命运与前景的杰作，后者堪称有文本形式创新的民族志经典。二者在学术旨趣上有分歧，前者注重"实际"，后者注重"文史"，前者侧重在乡村中思考中国未来，后者侧重在乡村中理解传统。

南北两派各有各的资助人，中央研究院是在国民政府的资助下建立起来的，其研究方面的经费资助也大多来自"中央"；而被"南派"戏称为"英美派"的燕大社会学则得到美国罗氏基金会的支持，

① 李安宅：《〈仪礼〉与〈礼记〉之社会学的研究》，上海世纪出版集团2005年版。

费孝通(1910—2005)　　　　　林耀华(1910—2000)

研究旨趣难以不迎合后者对于"区域研究"(area studies)的兴趣。[①]

到第二次世界大战期间,燕大社会学家与中研院民族学家迁居西南,分别在云南魁阁及四川李庄建立起自己的临时研究基地,费孝通在云南实施村庄类型比较的计划[②],傅斯年等则在李庄"隐居",继续其对"中国民族"的历史、考古、语言及民族学研究。[③] 而此时,边疆政策成为国民政府的工作重心之一,边政学得到了南北两派的共同关注,南派主张在外敌当前的形势下更明确地打出"中国民族"的旗号,北派则坚持"开放社会科学"的观点,主张尊重"中国民族"国内文化的多样性。

---

① 如华勒斯坦等指出的,"区域研究"(或译"地区研究")出现在二战期间的美国,战后,随着美国势力的上升,传布到世界其他地区。所谓"区域"(或"地区"),包括诸如苏联、中国(或东亚)、拉丁美洲、中东、非洲、南亚、东南亚、东欧、中欧、西欧。见华勒斯坦等:《开放社会科学》,刘锋译,三联书店1997年版,第40页。

② 王铭铭:《魁阁的过客》,《读书》2004年第2期。

③ 参见岱峻:《消失的学术城》,百花文艺出版社2009年版。

除了明显的南北派之外,另有一些重要人类学家,如吴泽霖,最初以社会学研究美国人对种族异类(东方人、犹太人和黑人)的态度①,之后也做民族学研究;杨成志,他在 1920 年代已建立一套关于中国西南的整体论述②;林惠祥,在人类学教材编撰、东南民族(尤其是台湾"番族"研究)及人类学博物馆事业方面,均有杰出贡献③;杨堃,在莫斯(Marcel Mauss)建立的法国民族学研究所学习,可谓是法国年鉴派民族学的真正传人。④ 这几位前辈因主要在美国及法国留学,因之,研究风格上受文化人类学和民族学的影响比较深,除了吴泽霖之外,学术风格都偏南派。

还有必要指出,在南北派建立之前,成都、南京还有其他的"派别"。成都的华西协和大学曾有外国民族学家在西部文化、地理、生态研究方面建树颇高,从 1930 年代起,其民族学领域开始更多受到燕京大学的影响,在综合中出现了有自己风格的民族学与社会学结合形态。在南京,社会学家有致力于文化研究者,其在文化理论方面之建树,其对人类学的影响本应更大,但却未能发挥。⑤

北派和南派,都有双语表达能力,但北派从 1930 年代起已涌现

---

① 张帆:《吴泽霖与他的〈美国人对黑人、犹太人和东方人的态度〉》,载王铭铭主编:《中国人类学评论》第 5 辑,第 11—19 页。

② 杨成志:《杨成志人类学民族学文集》,民族出版社 2003 年版。

③ 李亦园:《林惠祥的人类学贡献》,载汪毅夫、郭志超主编:《纪念林惠祥文集》,厦门大学出版社 2001 年版,第 113—124 页。

④ 杨堃:《杨堃民族研究文集》,民族出版社 1991 年版。

⑤ 李绍明:《中国人类学的华西学派》,载王铭铭主编:《中国人类学评论》第 4 辑,世界图书出版公司 2008 年版,第 41—63 页。

几位用流利的英语书写的作者,如费孝通、林耀华。这些作者的中文著述大大多于英文著述,但其少数的英文著述却一时改变了海外"中国"人类学,使之从汉学及民族学转入功能人类学,从进化论、传播论和社会学式的论述,转入马林诺夫斯基和拉德克里夫—布朗式的民族志。当弗里德曼(Maurice Freedman)[1]和利奇(Edmund Leach)[2]后来在评述这个阶段中国"本土人类学家"的建树时,除了北派的几位人物之有限著述之外,已基本不知其他类型的人类学在中国的存在,更不知自 1940 年代初起,应和中国边疆政策的需要,在与南派竞赛中北派也汲取了诸多民族学因素,其领导人吴文藻已成为边政学的主力之一。

20 世纪上半期,中国既已按照欧洲"古典民族国家"之榜样"建国",学科也模仿属于这一榜样的一部分的框架而设置。但被模仿的"西方"并非铁板一块,而是充满国别传统之间的竞赛,这使取经于西方的中国学者所学亦存在差异。德国、法国的民族学,英美的社会学(包括作为"比较社会学"的社会人类学),及美国的文化人类学,在民国期间在不同机构获得了自己的"基地"),以中央研究院与燕京大学南北派为主轴,附加上"第三者",而"三分天下"。不同的阵营无论是对学科名称,还是对理论与方法,都有不同的看法。这便使我们难以用整体的"中国人类学史"眼光来回望那段时光。

---

[1] Maurice Freedman, "A Chinese phase in social anthropology", *British Journal of Sociology*, 14.1: 1—19, 1963.

[2] Edmund Leach, *Social Anthropology*, London: Fontana, 1982.

　　"在中国的人类学"①，有模仿古典民族国家人类学的倾向，但也有殖民化国家及现代化国家人类学之特征。此外，在作为"新国家"之一的中国建设出来的人类学，也必然带有浓厚的"第三世界"特色——它具有民族自我生命史叙述和现代化的追求之双重性。然而，此期间，至少有20年，这一学派众多的人类学地区，已跻身世界人类学的前列，若不考虑语言的世界等级次序的规定，则其民族志研究水平已接近欧美与日本，而其在区域文化关系论及"小传统"研究方面，也应可以独树一帜。与此同时，在华田野考察不受限制，不少外国人类学家身居中国，成为在华人类学教学科研的重要组成部分，有代表性的国外人类学家频繁应邀来华讲学。

　　到1950年，情况发生了巨变。此前，不少杰出的民族学家（南派）与国民党一道迁往台湾，留在大陆有北派、中间派和南派的非核心部分。不是说，此时在中国不再存在人类学了：事实是，人类学、民族学、社会学这些称呼不再为新政权所喜欢。随着原来留居于中国各地的外国学者的离开，国门之内的田野地点，仅向国内研究者开放。留居大陆的研究者之后被归并到1952年开始建设的民族院校，他们相继展开了"民族识别调查"和"少数民族社会历史调查"，这些调查工作起初都是由1949年之前已成名的学者制订纲领和指导，到1950年代中期之后，又结合了摩尔根—恩格斯的古代社会理

---

　　① 关于"南北派"之争，又见王铭铭：《民族学与社会学之战及其终结——一个人类学家的札记与评论》，载《思想战线》2010年第3期。

论及苏联民族志学(尤其是经济生态地区论及进化论)的因素,因之,而使在中国的人类学违反了西方式的以古典人类学向现代功能和文化人类学转化的"时序",并因之而遭到后来的学科史研究者的不解。

与此同时,外国的中国人类学,从 1950 年代到 1980 年代基本进入了一个"从周边看中心"的阶段。英国人类学研究者在前英国殖民地香港、新加坡展开田野调查,试图从那里探究中国社会的传统整体性;以美国人类学研究者为主的团体则集中在台湾作调查,一样带着从边缘的台湾乡村探究中国社会结构与宗教的整体形态的目的;在这些潮流的带动下,日本、韩国的人类学家及我国香港、台湾和新加坡的"土著学者"也开始了从周边以直接的民族志间接地研究"中国"的工作。"间接性"有其弊端,因为,至少可以说,有此特色的人类学并不真的"在中国"工作,但也有其重要的优点:其一,由于此阶段的国外"中国"人类学家只能"间接地"研究,因此,他们也更积极地利用二手资料,特别的历史文献与 1949 年以前写就的关于中国的民族志,这就使国外的"中国"人类学比其他人类学的地区民族志传统更早地进入史学与人类学结合的阶段,并有了诸如弗里德曼的"中国社会论"和施坚雅的"中国区系论"的有启发的追问;其二,由于此阶段国外的"中国"人类学家集中于港台及"南洋"华人的研究,因此,有意无意间,周边与"中心"之间的关系得到了关注和论述。

1950 年代到 80 年代,"在中国"与"在外国"的人类学出现了空前鲜明的区分,前者舍弃了"人类学"这个名号,改取"民族研究""民族学"之名,不将中国整体视作被研究对象,而集中于国内少数民族的研究,后者舍弃了"民族学"这个名号,统称"人类学",试图将中国整体视作被研究对象,但却集中于非少数民族社会组织与观念形态——汉人宗族、区系结构及宗教——的研究。两种关于中国的人类学,一种以汉文为书写体系,以汉人学者为主体,将国内少数民族客体化为被研究者,但又带有将少数民族主体化为国家的主人团体的一部分的使命,采用进步主义的观点看待内部他者的历史;另一种以英文为主要书写体系,以英美学者为主题,将汉族客体化为被研究者,被"一族一国"的近代欧式民族国家观念潜移默化,而淡化国内族群差异,将中国形容为一个社会、一个政治实体、一种文化。中外两边的民族学与人类学叙述,"中国"都并非完整,一个只有"西部"(即所谓"民族地区"的核心),一个只有"东部"(即所谓"汉人地区"的核心),两种叙述共同营造了一个与中国相关的世界等级秩序,外国的中国人类学将汉族视作"世界少数民族",中国的"民族学"在国家内部寻找在历史阶段上低于理想(进步社会)和己身(半殖民地半封建社会)的"异类"(处于"原始""奴隶""农奴""封建"不同社会形态之少数民族社会)。[①]

世界各局部之间的交流日益频繁,民族国家类型之间也随之相互掺杂。就学科的研究形式与内容而言,即使这个局面不应被称为

---

① 王建民、张海洋、胡鸿保:《中国民族学史》下卷,云南教育出版社 1998 年版。

"全球化",那也应当说体现着一种空前的"类型转变"。1950年代以来,古典民族国家的人类学家越来越多地感到正在失去其"研究对象",而殖民化国家的人类学家却越来越多地发现更多的被研究对象,尤其是美国人类学,此时已从"海内"走向"海外"。现代化国家的人类学坚守其传统之同时,也从古典民族国家及殖民化国家引进了更多的元素。

不甘于长期充当西方的被研究对象的第三世界国家,则获得空前强烈的"文化自觉",一面继续依据"西学"建设国族的知识体系,一面致力于赋予引进的知识探求体系"本土价值"。

在中国的人类学是这些世界进程的组成部分。自1980年代起,西方的中国人类学又出现了一个汉学的回归①,期间,受"在中国的人类学"影响,同时也出现了"族群性"(ethnicity)研究的取向②,将二者联系起来的人类学之作也渐渐多了起来。③ 而在国内,民族学、人类学、社会学、民俗学等相邻学科的名称得以新运用,各自展开了"学科建设"。随着内外交流的恢复,国外社会科学家得以进入中国讲学与研究,人类学家也不例外,他们有些甚至已能在

---

① 在这方面有贡献的学者包括华琛(James Watson)、姜士彬(David Johnson)、科大为(David Faure)、丁荷生(Kenneth Dean)、杜赞奇(Prasenjit Duara)等,从历史学角度结合人类学,分别从仪式与戏剧之关系、道教与民间信仰之关系、区域与近代国家之关系等角度,对广义的"历史人类学"有很大贡献。

② 在这方面起引领潮流的是美国华盛顿大学(西雅图)的郝瑞(Stevan Harrell)。

③ 诸如Louisa Schein、Eric Murggler之类的学者,分别从国家与"内部殖民"、国家与社会之间的关系,联系了"汉学"与"民族学"。

中国展开田野工作。国内学者则得以留学海外。至 1990 年代中期,从学科定位上看,在中国的人类学已局部恢复了其 20 世纪三四十年代的状况——在不同院校和地区,有着不同的定位以至名称。①由于一批留居海外的华人人类学研究者的"在场",国外的"中国人类学"也局部恢复了当年的状况——1930 年代吴文藻倡导的"社区研究法"在过去的 20 年里在国外的中国人类学中得到了复兴。由于 1950 年代创立的民族院校的"势力范围"的再拓展,当年的民族学也得到了回归。与其他第三世界国家一样,在中国的人类学一面模仿西学,一面致力于"文化自觉"运动,这就使它具有双重心态和内部矛盾。而中国的历史基础毕竟不同于由部落或酋邦组合而成的新国家(它本以天下自称),这一事实又使在中国的人类学一面更易于具备开放主义或"帝国"的特质,一面更易于滑向内部的"封建"。当部分在中国的人类学家致力于开拓其学科的国际视野之时,其部分的同事则致力于将学科获得的对内部他者的"地方性知识"运用于地区与民族文化认同与公共政治的可能性之探讨上。沿

---

① "改革"至今,"在中国的人类学"经历了三个阶段的发展:(1) 从 1979 年开始,中国南北方分别建立了人类学和民族学的学会和教学科研机构,南方以中山大学、厦门大学为主,北方以社科院、中央民族大学为主,复兴人类学和民族学。(2) 1990 年代中期,人类学又出现了一个变化。北京大学召集了高级研讨班,汇集综合院校和民族院校的青年学者,创造了一个以社会人类学为特色的阶段。(3) 到 21 世纪初,有的综合院校的人类学系或人类学教研室改名为民族学人类学系,原因大概在于:在前面的一个阶段里,以综合院校为主的社会人类学在 21 世纪初期生存状况不是很好,反而是在各个民族院校,人类学影响面已大面积铺开。

着旧有的和新设的内外界线,在中国的人类学家分为乡村人类学家 (这些多数在综合院校工作,因之有时被称为社会学家)与民族学 家(他们主要研究少数民族,而非德国式的"文化")。①

"在中国的人类学"生存于"局内",更易于有"局"的政治含义。 "局"固为游戏规则,但这一游戏规则有时演化为支配性的力量,甚 至称为对学者有深刻影响的心态,使其知识探究局限于"局"的规 则的演绎,而非游戏本身。

对于"局外","关于中国的人类学"也长期有其"局"的限定。

"由于人类学的理解在欧洲语文中已被压倒性地客体化了,因 此,它最易于适应欧洲生活方式,也最易于适应欧洲理性,及西方所 代表的世界权力。"②

民国期间,无论是南派和北派,都接受这一对其而言是"局外" 的现实,但在此基础上,又表现出高度的情境性适应及"讨价还价 性"。比如,南派的民族学,一面为被封为新学问的新科学,一面为 被中国文史传统改造的"舶来品";北派的社会学,一面基于功能人

---

① 时下,"在中国的人类学"研究范围已不局限于汉人社区及少数民族,而出现了 我称之为"三圈说"的迹象。以"社会人类学家"自称者,多研究乡村(即"核心圈"的主要 部分)之身体和道德的危机,其主要"基地"是综合院校。第二圈,过去称作"民族学",而 我为恢复其本有的跨文化特征而转称之为"中间圈",这一圈主要研究的是族群性(eth- nicity)和所谓的"民族问题"。民族到底是不是问题,这是可争辩的,太过于把民族当成 问题,兴许才是问题出现的原因。而无论如何,研究者更集中研究西部,近期其研究视野 开始包括东部,尤其是东部流动的"少数民族"。第三圈,即指"海外民族志"。

② Talal Asad, "Introduction", to his edited *Anthropology and the Colonial Encounter* (9—20), p.17, Highlands, N.J.: Humanities Press, 1973.

类学与芝加哥学派社会学综合而成的"学派",一面为注重不同于民族国家的多民族国家的人类学,表现出对"欧洲理性"的抵触心态,及对古代天下的怀旧。

在外国的中国人类学有其自己的"局",这个"局"主要是以上所言之"欧洲生活方式"与"欧洲理性"。然而,就19世纪后期以来的学术状况而论,不止这个欧洲之"局"在起作用。中国未曾沦为殖民地;相反,近代以来,依旧保持其古代的社会规模和传统。面对这条"龙",从事中国研究的外国人类学家,还需适应另外一种生活方式与理性。①

* * *

以上,我回应了过去一些年来的人类学史研究,指出这些研究中含有的"近世中心论"是有问题的,未来的研究应侧重于探索人类学表述的古代根基,及这些表述与欧洲以外的文明之间的关系。我还指出,不妨将人类学视作一种会传播的文明,以此来观察近代的文明动态,尤其是观察学科与不同历史根基上的"国家"之间的复杂关系,及文明在不同的政体中的"变异"。我拒绝将人类学等

———————

① 19世纪末20世纪初,诸如高延和葛兰言,不仅置身于近代中国现实,而且还置身于中国历史中,其所从"中国学"中归纳出的学理,一面迎合欧洲中心的东方观,一面与之格格不入,因之,并不被欧洲学界理解为"理论"。1950年代之后,弗里德曼和施坚雅对"中国宗教"与"帝国差序格局"的论述,一面在中国研究中应用欧洲社会学和经济地理学的原理,一面强调固有的"中国传统"的重要性,依旧延续着这一"中西双重适应"的传统。见王铭铭:《社会人类学与中国研究》,三联书店1997年版。

同于欧洲文明的独特产物,我建议在研究近世人类学史时,同样也采用"跨文明互动"的观点。我以近世"关于中国"和"在中国"的不同人类学之间的互动史为例,说明了这一观点的含义。①

---

① 基于这一思考,我写了《西学"中国化"的历史困境》(广西师范大学出版社 2005 年版)及《西方作为他者》(世界图书出版公司 2007 年版)等书,表明,世界存在"另一些人类学""另一些他者论述"的历史与可能。

推荐阅读书目

通论

弗思著:《人文类型》,费孝通译,华夏出版社 2002 年版。

这本书以一个现代人类学奠基人的眼光,考察了人类学研究的基本范畴、现象,也论述了现代人类学的基本精神。

李亦园著:《人类的视野》,上海文艺出版社 1996 年版。

这本书广泛地论述了人类学的思想、研究与在中国研究中的运用,阐述了人类学的基本内容,对人类学的具体运用、学术价值也给予颇多的关注。

墨菲著:《文化与社会人类学引论》,王卓君、吕迺基译,商务印书馆 1994 年版。

这本书概括了作者对文化人类学和社会人类学的看法,涉及人类学方法及研究实践的不同层次。

传记式述评

列维-斯特劳斯著:《今昔纵横谈》,袁文强译,北京大学出版社

1997 年版。

这本书以对话的形式展现了著名人类学家列维-斯特劳斯的人生与思想,是读者了解人类学家心路历程的重要参考书。

黄应贵主编:《见证与诠释》,台湾正中书局 1992 年版。

这本书概括论述了影响当代人类学思想的几位人类学大师的学术观点,也涉及这些人类学大师的学术生涯。

研究范例

马林诺夫斯基著:《西太平洋的航海者》,梁永佳、李绍明译,华夏出版社 2002 年版。

这本书是民族志研究的第一本范例,考察了西太平洋岛屿土著生活的总体特征与内容,是现代人类学方法的奠基之作。

埃文思-普里查德著:《努尔人》,褚建芳、阎书昌、赵旭东译,华夏出版社 2002 年版。

这本书是民族志研究运用于社会体系与政治文化分析的核心论著,考察了东非部落社会的血缘关系、地缘政治与世界观。

莫斯著:《礼物》,汪珍宜、何翠萍译,台湾远流出版公司 1989 年版。

这本书是人类学比较研究和理论分析的范例之作,以"礼物"的馈赠与接受为关注点,比较了不同文化中互惠与交换的模式,提出了总体社会现象研究的方法。

格尔兹著:《尼加拉》,赵丙祥译,上海人民出版社1999年版。

这本书研究的是历史,是一个多世纪以前一个印尼少数民族的国家形态与象征体系,它从经验研究寻找关于权力、权威和政治的另类模式,对于人类学的追求,也作了生动的说明。

萨林斯著:《甜蜜的悲哀》,王铭铭、胡宗泽译,三联书店2000年版。

这本书采用人类学宇宙观研究的方法,对西方认识论的历史与现状进行了总体评述,对人类学视野的开拓,起了重要的作用。

国内人类学

王建民著:《中国民族学史》(上卷),云南教育出版社1997年版。

这本书列举了大量有关20世纪的前期中国人类学的史料,根据时代的分析,对学科的流变、发展进行了全面而深入的阐述。

王建民、张海洋、胡鸿保著:《中国民族学史》(下卷),云南教育出版社1998年版。

这本书论述了20世纪后期四十年里中国人类学的历史遭际与主要成就,涉及大陆、台湾、香港人类学发展的历史,对认识中国人类学的学科特性与存在问题有莫大助益。

王铭铭著:《社会人类学与中国研究》,三联书店 1997 年版。

这本书从社区研究、家族、民间宗教、政治等角度,主要评介了海外人类学中国研究的主要成就与辩论。

海外新探索

福克斯主编:《重新把握人类学》,和少英、何昌邑等译,云南大学出版社 1994 年版。

这本书在后现代人类学的基础上,进一步提出人类学的描述,与世界文化史、种族主义、性别主义、阶级论及全球化的关系。

马尔库思、费彻尔著:《作为文化批评的人类学》,王铭铭、蓝达居译,三联书店 1997 年版。

这本书用后现代人类学的观点考察了现代人类学方法的基本特征及改造策略。

中国社会科学杂志社编:《人类学的新趋势》,社会科学文献出版社 2000 年版。

这本书包括了西方人类学界对人类学的学科性质与问题意识进行的新近论述,广泛涉及了后现代时期人类学面对的困境与可供选择的出路问题。

（以上书目由王铭铭推荐）

编 辑 说 明

自 2001 年 10 月《经济学是什么》问世起，"人文社会科学是什么"丛书已经陆续出版了 17 种，总印数近百万册，平均单品种印数为五万多册，总印次 167 次，单品种印次约 10 次；丛书中的多种或单种图书获得过"第六届国家图书奖提名奖""首届国家图书馆文津图书奖""首届知识工程推荐书目""首届教育部人文社会科学普及奖""第八届全国青年优秀读物一等奖""2002 年全国优秀畅销书""2004 年全国优秀输出版图书奖"等出版界的各种大小奖项；收到过来自不同领域、不同年龄的读者各种形式的阅读反馈，仅通过邮局寄来的信件就装满了几个档案袋……

如今，距离丛书最早的出版已有十多年，我们的社会环境和阅读氛围发生了很大改变，但来自读者的反馈却让这套书依然在以自己的节奏不断重印。一套出版社精心策划、作者认真撰写但几乎没有刻意做过宣传营销的学术普及读物能有如此成绩，让关心这套书的作者、读者、同行、友人都备受鼓舞，也让我们有更大的信心和动力联合作者对这套书重新修订、编校、包装，以飨广大读者。

此次修订涉及内容的增减、排版和编校的完善、装帧设计的变化,期待更多关切的目光和建设性的意见。

感谢丛书的各位作者,你们不仅为广大读者提供了一次获取新知、开阔视野的机会,而且立足当下的大环境,回望十多年前你们对一次"命题作文"的有力支持,真是令人心生敬意,期待与你们有更多有益的合作!

感谢广大未曾谋面的读者,你们对丛书的阅读和支持是我们不懈努力的动力!

感谢知识,让茫茫人海中的我们相遇相知,相伴到永远!

北京大学出版社

"人文社会科学是什么"丛书书目

哲学是什么

文学是什么

历史学是什么

伦理学是什么

美学是什么

艺术学是什么

宗教学是什么

逻辑学是什么

语言学是什么

经济学是什么

政治学是什么

人类学是什么

社会学是什么

心理学是什么

教育学是什么

管理学是什么

新闻学是什么

传播学是什么

法学是什么

民俗学是什么

考古学是什么

民族学是什么

军事学是什么

图书馆学是什么